HiFi, Ultraschall und Lärm
Die Welt des Schalls

HiFi, Ultraschall und Lärm

Die Welt des Schalls

Von Wilhelm Backhausen,
Roland Jeschke, Robi Scheermann,
Wilhelm Vieregge, E. F. Warnke

Herausgegeben von Jean Pütz

vgs

Fotos, Versuchsgeräte, Grafiken stellten
freundlicherweise zur Verfügung:

AEG-Telefunken, Frankfurt
Hartmann & Braun, Frankfurt
Brüel & Kjoer, Kopenhagen
Conatex, St. Wendel
Deutsche Grammophon, Hannover
dpa, Düsseldorf
Dr. Kuhn & Co., Köln
Electrola, Köln
fenina + schütze, Hilden
Fischwirtschaftliche Marketingabteilung (FIMA), Bremerhaven
HADÜ-Lehrmittel, Düsseldorf
Hewlett-Packard, Frankfurt
Hohner, Trossingen
Keilwerth, Nauheim
KLN Ultraschall, Heppenheim
Krautkrämer, Köln
Krupp-Atlas Elektronik, Bremen
Laboratorium für Ultraschall (Prof. Dr. Pohlmann), Aachen
Leybold-Heraeus, Köln
Neuweiler, G., Zoologisches Institut Frankfurt
Phywe, Göttingen
Schoeller & Co., Frankfurt
Sennheiser electronic, Bissendorf b. Hannover
Siemens, München
Süddeutscher Verlag, München
Verlag G. Braun, Karlsruhe

Dieses Buch entstand in Verbindung mit der wdr-Fernsehreihe
„Die Welt des Schalls“

1. Auflage 1973

Grafiken: Wolfgang Niechoj, Viersen
Umschlag: fenina + schütze, Hilden
Gesamtherstellung: Julius Beltz, Hemsbach
Printed in Germany
ISBN 3 8025 1024 0

Inhalt

Vorwort *7*

1. Allgemeine Grundlagen der Akustik *9*

Wir sind ständig von Schall umgeben *9*
Schallsignale im Dienst der Kommunikation *9*
Schall kann stören und zerstören *9*
Auch Musik ist Schall *10*
Die grundlegenden physikalischen Eigenschaften des Schalls *10*
Akustik: die Wissenschaft vom Schall *10*
Schall „reizt“ unsere Ohren *10*
Wie entsteht Schall? *10*
Die Ausbreitung des Schalls *11*
Schallausbreitung ist Schwingungsübertragung *12*
Schall braucht Zeit *12*
Grundbegriffe der Wellenlehre *13*
Schall gehorcht bestimmten Gesetzmäßigkeiten *13*
Das Beispiel der Wasserwellen *13*
Eine schwingende Feder als Beispiel *14*
Das Modell gekoppelter Pendel *14*
Der Schall als Welle *17*
Das Oszillogramm gibt den Schwingungsverlauf wieder *17*
Das Mikrofon: Umwandlung von Schall in elektrische Schwingungen *18*
Die Interferenz *18*
Die Reflexion *19*
Der Doppler-Effekt *20*
Das Gehörorgan *21*
Übungsaufgaben *23*

2. Musik akustisch *25*

Was ist Musik? *25*
Was ist Musik physikalisch? *26*
Die Stimmgabel, ein einfacher Sinusgenerator *26*
Musikinstrumente tönen nicht, sie klingen *26*
Wodurch entstehen Obertöne? *27*
Das Spektrum – Mikrobild eines Klanges *28*
Warum Musikinstrumente klingen *29*
Die Obertöne bei Blasinstrumenten *31*
Der mathematische Zusammenhang von Tönen und Frequenzen *32*
Die „wohltemperierte“ Stimmung *37*
„Künstliche“ Musik *38*
Wie funktioniert ein elektronisches Musikinstrument? *39*
Die „elektronische“ Tonerzeugung *39*
Die Umwandlung mechanischer Schwingungen in elektrische *40*
Elektrische Schwingungserzeugung ohne Mechanik *41*
Ein Klang schwingt ein und wieder aus *42*
Filter – Tore für Schwingungen *42*
Der Synthesizer – Klänge werden elektronisch zusammengesetzt *43*
Übungsaufgaben *45*

3. Gesprochene Sprache *47*

Sprache gehört zum Menschen *47*
Ein Taubstummer kann nicht sprechen, weil er nicht hören kann *47*
Weshalb man sich mit Sprachsignalen verständigen kann *47*
Der Sprachschall wird durch die Sprachorgane geformt *48*
Ein Stimmbändersatz mit Namen „Elektrolarynx“ *50*
„Visible Speech“ – sichtbare Sprache *50*
Sprache und Technik *53*
Ein Taucher, der wie „Donald Duck“ spricht *53*
Ein Sprechgerät „entzerrt“ die Heliumsprache *54*
Der Computer kann „sprechen“ *57*
Das Sprachorgan des Computers – ein Vocoder *58*

Der Wortschatz des Computers *60*
Die „Artikulation" des Computers *63*
Automatische Spracherkennung, ein ungelöstes Problem? *63*
Übungsaufgaben *66*

4. HiFi-Technik *67*

Geschichtliches *67*
Vom Originalton zur HiFi-Schallplatte *70*
Qualitätsmerkmal: Frequenzumfang *74*
Qualitätsmerkmal: Dynamik *76*
Qualitätsmerkmal: Tonhöhenschwankungen *77*
Qualitätsmerkmal: Klirrfaktor *78*
Bedienungskomfort *78*
Wiedergabe: Lautsprecher + Kopfhörer *79*
Stereo + HiFi *80*
Übungsaufgaben *81*

5. Lärm, das Trauma der Hörenden *83*

Lärm in der akustischen Umwelt *83*
Was ist Lärm? *83*
Lautstärke, Schallpegel, dBA *84*
Der Begriff Schallstärke *84*
Millionenmal lauter *85*
Dezibel *85*
Die Meßgröße des Schallpegels *85*
Phon – ein veralteter Begriff *88*
Lärm quantitativ *88*
Schäden des Gehörs *88*
Audiogramme *89*
Vegetative Störungen *91*
Leben ohne Lärm *91*
Persönlicher Lärmschutz *91*
Schalldämpfung *92*
Schalldämmung *92*
Gesetzlicher Schutz gegen Lärm *93*
Lärmschutzvorschriften für den Hochbau *9*
Kampf dem Lärm am Arbeitsplatz *95*
Übungsaufgaben *97*

6. Ultraschall *99*

Unhörbarer Schall: Ultraschall *99*
Schallfrequenzumsetzer: „Super-Ohr" der Techniker *99*
Fledermäuse „sehen" mit Ultraschall *100*
Echolot – Meerestiefen werden durchsichtig *101*
Fischfang mit dem Echolot *103*
Materialprüfung – zerstörungsfrei *103*
Dickenmessung mit Ultraschall *106*
Ultraschall statt Röntgenstrahlen *108*
Schirmbilduntersuchung mit Schallimpulsen *108*
Lautlose Befehle fürs Fernsehgerät *110*
Informationsschall – Leistungsschall *111*
Ultraschallerzeugung *111*
Schmutz wird abgeschüttelt: Reinigen mit Ultraschall *113*
Kavitation: Unmischbares wird mischbar *114*
Schall zerstäubt Metall *114*
Schweißen ohne Flamme *115*
Mit Schall durch Glas und Hartmetall: Ultraschallbohren *116*
Harnsteinentfernung mit Ultraschallsonde *117*
Heilende Ultraschallwellen *118*
Ultraschall – übermorgen *119*
Übungsaufgaben *120*

Anhang *121*

Lösung der Übungsaufgaben *121*
Literaturhinweise *123*
Register *125*

Vorwort

Dieses Buch wurde im Zusammenhang mit der naturwissenschaftlichen Fernsehreihe des wdr/Westdeutschen Fernsehens „Die Welt des Schalls“ konzipiert. Herausgeber und Autoren haben sich mit diesem Buch zum Ziel gesetzt, einen Einblick in die Welt des Schalls zu vermitteln. Eine Welt, die wie keine andere unseren Alltag erfüllt.
Neben dem in der Sendung gebotenen Stoff bietet das Buch eine Fülle von Informationen und Erklärungen, die es dem Leser ermöglichen, sich mit der angesprochenen Thematik intensiv auseinanderzusetzen. Dabei wurde besonderer Wert auf eine allgemeinverständliche Form gelegt. Die Mathematik wurde nur dann zu Hilfe genommen, wenn es zum Verständnis komplizierter Zusammenhänge unumgänglich war. Die Vielzahl der Abbildungen wird wesentlich zur Veranschaulichung des behandelten Stoffes beitragen.
Die Thematik umspannt einen weiten Bogen. Von den Grundgesetzen der Akustik, der Lehre vom Schall bis zu den physikalischen Aspekten der Musik und ihrer Erzeugung durch herkömmliche und elektronische Musikinstrumente. Von der Entstehung menschlicher Sprachlaute bis zum sprechenden Computer. Von der HiFi-Technik bis zum Lärm als eines der wichtigsten Themen des Umweltschutzes. Im letzten Beitrag werden die nahezu unbegrenzten Möglichkeiten der Ultraschalltechnik an Hand von vielen Beispielen vorgestellt.
Im Anschluß an jedes Kapitel findet der Leser eine Zusammenstellung von Fragen, mit denen er das aktiv erworbene Wissen selber testen kann. Zur Vertiefung des Stoffes empfehlenswerte Literatur kann dem Literaturverzeichnis entnommen werden. Das ausführliche Stichwörterverzeichnis macht es möglich, das Buch auch als bequemes Nachschlagewerk zu verwenden.

Köln, im Dezember 1972 *Jean Pütz*

1. Allgemeine Grundlagen der Akustik

Wir sind ständig von Schall umgeben

Im Bewußtsein der meisten Menschen spielt der Gehörsinn – im Vergleich etwa zum Sehsinn – eine untergeordnete Rolle. Dabei wird im allgemeinen unterschätzt, welche außerordentliche Bedeutung dem Schall in all seinen verschiedenen Erscheinungsformen im täglichen Leben zukommt. Ständig sind wir von Geräuschen aller Art umgeben; ein Leben ohne Sprache, ohne Musik und heutzutage leider auch ohne Lärm ist kaum vorstellbar. Es ist daher sicher keine Zeitverschwendung, sich mit dem Problembereich Schall näher zu befassen.

Schallsignale im Dienst der Kommunikation

Beim Schall ist vor allem zu unterscheiden zwischen dem eigentlichen Schallsignal und der Bedeutung, die dem Signal von den Hörenden zugemessen wird. Die meisten Schallsignale haben zwar eine mehr oder weniger feste Bedeutung – etwa das Frei- oder Besetzt-Zeichen beim Telefon, das Zeitzeichen im Radio, die Wörter einer Sprache oder das Stöhnen eines Verletzten; das heißt, die Schallsignale haben einen Zeichencharakter, den die Menschen im Laufe ihrer Erfahrungen erlernt haben –, doch haben die meisten Schallsignale ihre Bedeutung nicht von sich aus, also gleichsam naturgegeben, sondern weil sie so gebraucht werden.
Der prinzipielle Unterschied von Schallsignal und interpretierender Bedeutung zeigt sich besonders deutlich bei den Trommelsprachen von Eingeborenen oder, in der modernen, technischen Welt, im Funkverkehr beim Morsen. Die Trennbarkeit und die damit verbundene Möglichkeit, das Schallsignal isoliert zu betrachten – beispielsweise mit dem Ziel, es dann besser für die Zwecke der Verständigung, der Kommunikation, einsetzen zu können –, ist mit ein Grund dafür, sich mit der Akustik, wie der Fachausdruck lautet, zu befassen.
Die akustischen Signale sind mit die wichtigsten Überträger von Informationen. Die Bedeutung der meisten Signale ist im Prinzip willkürlich; sie könnte genausogut anders sein, nur: ist die Bedeutung einmal festgelegt, dann kann sie nicht mehr beliebig verändert werden. Solche Signale dienen der Verständigung zwischen Menschen, dem Austausch von Informationen; sie ermöglichen gezielte Kommunikation, die völlig zusammenbrechen würde, wenn die einmal festgelegte Bedeutung bestimmter Schallsignale willkürlich verändert oder uminterpretiert würde. Am deutlichsten läßt sich dies an der menschlichen Sprache zeigen, dem wichtigsten Verständigungsmittel, das auf Schallsignalen beruht (vgl. dazu Kapitel 3).

Schall kann stören und zerstören

Es scheint aber, daß nicht alle Geräusche der Kommunikation dienen; im Gegenteil. Vielfach werden Signale, die eine Unterhaltung ermöglichen sollen – etwa gesprochene Sprache – durch Störgeräusche völlig unverständlich. Der Austausch von Information wird beispielsweise durch ein vorüberfliegendes Flugzeug, durch den Straßenlärm oder den Donner eines Gewitters unterbrochen. *Lärm* ist eine Erscheinungsform des Schalls, die zerstörend wirkt; nicht nur auf die Kommunikation, sondern auch auf die biologische und psychische Verfassung der Menschen (vgl. dazu Kapitel 5).
Freilich kommen diese aggressiven Störungen durch Lärm nicht immer nur zufällig zustande. Vielfach

werden Geräusche wie Pfeifen, Schreien usw. ganz gezielt eingesetzt, um Kommunikation zu unterbrechen.

Auch Musik ist Schall

Aber längst nicht alle lauten Geräusche sind Lärm; Schreien kann auch der Verständigung dienen. Daß laute Geräusche sogar angenehm sein können, zeigt beispielsweise die Beat-Musik. In der Musik hat der Schall überhaupt eine besondere Funktion. Ein Musikstück stellt eine eigene Art der Komposition von Schallereignissen dar, bei der Töne, Klänge und Geräusche in allen möglichen Lautstärken nach harmonischen und rhythmischen Gesichtspunkten so verbunden und gemischt werden, daß ein musikalischer Genuß oder Ausdruck erreicht wird (vgl. dazu Kapitel 2).

Bei diesen wichtigen Funktionen, die dem Schall im Leben der Menschen zukommen, ist es kaum verwunderlich, daß sich die Technik intensiv mit dem Problem des Schalls befaßt hat. Schall soll beherrschbar gemacht werden, um effektiver eingesetzt werden zu können, sei dies nun auf dem Gebiet der Hifi-Technik (vgl. dazu Kapitel 4) oder im Bereich des Ultraschalls (vgl. Kapitel 6).

Die grundlegenden physikalischen Eigenschaften des Schalls

Akustik: die Wissenschaft vom Schall

Für viele ist es zunächst überraschend, daß all den verschiedenen Erscheinungsformen des Schalls, die auf den Menschen so unterschiedliche Wirkungen ausüben, die gleichen festen Gesetze zugrunde liegen sollen. Die Wissenschaft, die diese Gesetze entdeckt hat, heißt Akustik. Als Teilgebiet der Physik ist die Akustik – die Lehre vom Schall – eine naturwissenschaftliche Disziplin. Wie die Physik allgemein so ist auch die Akustik bestrebt, ihren Untersuchungsgegenstand, eben den Schall, durch gezieltes Messen und Experimentieren zu erforschen und zu erklären.

Schall „reizt" unsere Ohren

Dabei muß streng unterschieden werden zwischen den *akustisch-physikalischen Ereignissen* bzw. *Vorgängen,* die den Schall ermöglichen, und den *subjektiven Empfindungen,* die der Schall beim Auftreffen auf das Ohr auslöst. Das, was wir bisher als Schall bezeichnet haben – also Töne, Klänge, Geräusche usw. –, sind Sinneseindrücke, die mit dem Ohr wahrgenommen werden.

Schall ist ein physikalischer Reiz, den die Umwelt auf das Ohr ausübt.

Im folgenden werden uns zunächst die physikalischen Bedingungen des Schalls beschäftigen, d. h. jene gesetzmäßigen Vorgänge in der Umwelt, die den verschiedenen Erscheinungsformen des Schalls zugrunde liegen. Wir betrachten also nicht die unterschiedlichen Empfindungen, die der Schall in uns etwa beim Hören von Musik oder Lärm hervorruft, sondern die Vorgänge außerhalb des Ohres, die diesen Empfindungen vorausgehen.

Wie entsteht Schall?

Die erste Frage gilt der Entstehung des Schalls. In vielen Fällen läßt sich dies einfach feststellen. Betastet man z. B. eine tönende Glocke, die Membran eines Lautsprechers oder eine klingende Stimmgabel, so fühlt man, daß diese Schallerreger sich schnell hin- und herbewegen: sie schwingen (vgl. *Abb. 1*).

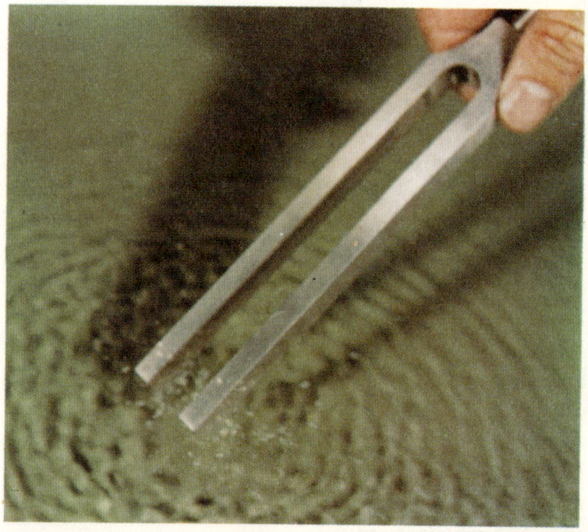

Abb. 1 Schwingende Stimmgabel in Wasser getaucht

Wir nennen den Gegenstand, von dem der Schall ausgeht, *Schallquelle,* und nun läßt sich behaupten: *Schall entsteht durch Schwingungen einer Schallquelle.*

Die Ausbreitung des Schalls

Bevor wir diese Schwingungen genauer untersuchen, soll zunächst die Frage geklärt werden, wie der Schall von der Schallquelle an unser Ohr gelangt. Dazu dient folgender Versuch: In einem Abstand von etwa einem Meter stehen zwei Tamburine einander gegenüber; gegen das eine hängt ein leichtes Pendel. Klopft man nun gegen das andere Tamburin, so schlägt das Pendel aus (*Abb. 2*).

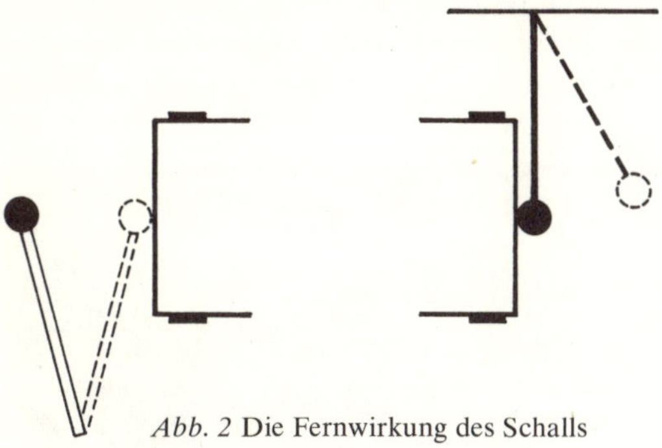

Abb. 2 Die Fernwirkung des Schalls

Diese Pendelbewegung wird offensichtlich durch den Schall hervorgerufen, der durch das Klopfen entsteht, und nicht etwa durch das Klopfen selbst, da ja das zweite Tamburin überhaupt nicht berührt wird. Wir müssen daraus schließen, daß tönende Körper noch in einiger Entfernung Bewegungen von leichten Gegenständen verursachen können.

Die Schwingungen einer Schallquelle regen entfernte, bewegliche Körper zu eigenen Schwingungen an.

Wodurch dies geschieht, soll durch einen weiteren Versuch geklärt werden (vgl. *Abb. 3*): In einer Glasglocke, die luftleer gepumpt werden kann, hängt eine elektrische Klingel die von der danebenstehenden Spannungsquelle gespeist wird. Wird die Klingel (Abb. 3) eingeschaltet und gleichzeitig die Luft aus der Glasglocke gepumpt, so sinkt die Lautstärke des Tones um so stärker, je mehr Luft aus der Glokke herausgepumpt wird. Schließlich verstummt der Ton völlig, obwohl der Klöppel weiter schlägt. Das bedeutet: *Im luftleeren Raum breitet sich der Schall nicht aus.* Den gleichen Versuch kann man nun mit anderen Gasen als Luft oder auch mit Flüssigkeiten wiederholen; das Ergebnis bleibt dasselbe:

Schall benötigt außer einer Schallquelle noch einen Stoff – ein Medium – um sich ausbreiten zu können. Dieses notwendige Medium ist im täglichen Leben im allgemeinen die Luft. Daß aber auch ein flüssiger oder fester Stoff tatsächlich als Medium dienen kann, läßt sich leicht überprüfen: Schlägt man unter Wasser zwei Steine gegeneinander, so hört man den Schlag, wenn man den Kopf unter Wasser hält, sehr deutlich und oft sogar besser als über Wasser. Auf der damit festgestellten Fähigkeit des Wassers, Schall zu leiten, beruht auch die akustische Verständigung

Abb. 3 Elektrische Klingel im luftleeren Raum

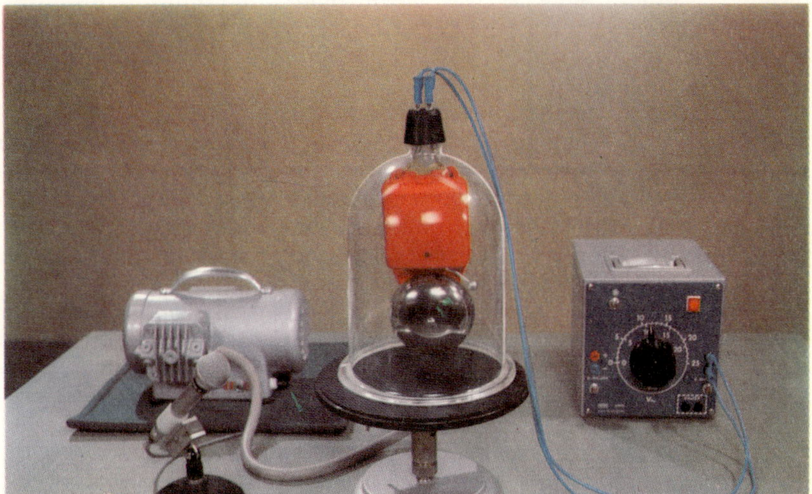

bei Fischen, auf die wir noch zu sprechen kommen. Als Beispiel für ein festes Medium kann eine Eisenbahnschiene dienen. Hält man das Ohr gegen eine solche Schiene, so vernimmt man das Geräusch eines fernen Eisenbahnzuges, den man sonst nicht hört. Ähnlich liegen die Verhältnisse, wenn im Keller an einer Zentralheizung gearbeitet wird und die dabei entstehenden Geräusche noch im entferntesten Zimmer zu hören sind; sie werden durch die Rohrleitungen übertragen.

Schallausbreitung ist Schwingungsübertragung

Die Feststellung, daß der Schall ein Medium benötigt, um sich auszubreiten, bedeutet nichts anderes als folgendes:
Durch die Schwingungen einer Schallquelle wird eine Veränderung in dem umgebenden Medium erzeugt, die sich in alle Richtungen fortpflanzt.
Sobald sich diese Veränderungen bis zum Ohr fortgesetzt haben, hören wir den Schall. Man kann den Vorgang der Schallausbreitung durch einen Modellversuch veranschaulichen (vgl. dazu *Abb. 4*): Man

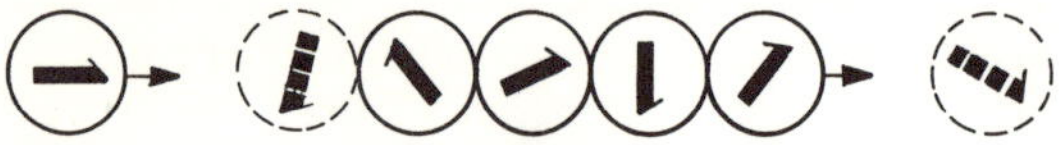

Abb. 4 Ausbreitung eines Stoßes

legt eine Anzahl von Münzen in einer geraden Reihe dicht nebeneinander; stößt man eine weitere Münze gegen das eine Ende der Reihe, so rutscht die Münze am anderen Ende ein Stück fort, während alle anderen sich kaum von der Stelle bewegen.
Ganz ähnlich liegen die Verhältnisse bei der Schallausbreitung. Auch dort bewegen sich nicht die einzelnen Teilchen des Mediums von der Schallquelle bis hin zum Ohr. Vielmehr stoßen die schwingenden Teile der Schallquelle auf die umgebenden Teilchen des Mediums und regen diese zu eigenen Schwingungen an. Die schwingenden Teilchen stoßen wiederum auf benachbarte Teilchen usw., so daß sich der Stoß oder die Schwingungen der Teilchen, nicht aber die Teilchen selbst, fortpflanzen. Stoßen schließlich schwingende Teilchen auf das Trommelfell des Ohres und versetzen es in Schwingungen, so wird der Schall wahrgenommen.
Die Schallausbreitung geschieht durch Übertragung von Schwingungen zwischen den Teilchen eines Mediums.

Schall braucht Zeit

Wenn die skizzierte Modellvorstellung von der Ausbreitung des Schalls richtig ist, dann muß der Schall, um sich von einem Ort zu einem anderen entfernten Ort auszubreiten, eine gewisse Zeit benötigen. Dies ist nun tatsächlich der Fall, wie sich im täglichen Leben leicht beobachten läßt. Wenn eine Lokomotive in größerer Entfernung ein Pfeifsignal mit der Dampfpfeife gibt, so sieht man den Dampf viel früher, als das Signal zu hören ist. Oder man sieht, wie ein Arbeiter beim Bau eines Hochhauses auf einen Eisenträger schlägt, man hört den Schlag aber erst, wenn der Arbeiter schon zum nächsten Schlag ausholt.

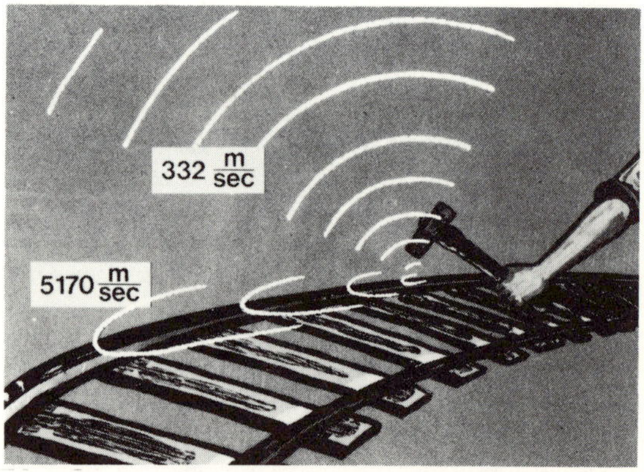

Abb. 5 Ausbreitung des Schalls in der Luft und im Eisen

Der Schall benötigt, um von seinem Entstehungsort, der Schallquelle, bis zum Beobachter zu gelangen, eine bestimmte Zeit, die von der Entfernung abhängig ist.
Allerdings ist die Ausbreitungsgeschwindigkeit nicht unabhängig von dem jeweiligen Medium. Dies läßt sich durch folgenden Versuch zeigen: Schlägt man in einiger Entfernung mit einem Hammer auf eine Eisenbahnschiene, so hört man den Schlag später als man den Aufschlag sieht. Hält man jedoch sein Ohr an die Schiene, so hört man den Schlag durch das Eisen sehr viel früher als durch die Luft (vgl. *Abb. 5*).
Daraus folgt: *Der Schall breitet sich mit einer endlichen Geschwindigkeit aus, die von dem jeweiligen Medium abhängig ist.*
Die Resultate genauer Messungen sind aus der *Tabelle 1* zu entnehmen.
Die Feststellung, daß der Schall sich mit einer endlichen Geschwindigkeit ausbreitet, könnte nun zu der

Tabelle 1 Schallgeschwindigkeiten bei 0° C in m/sec

Gase		*Flüssigkeiten*		*Feste Stoffe*	
Chlor	206	Benzin	1166	Blei	1200
Sauerstoff	313	Benzol	1324	Kupfer	3600
Stickstoff	336	Toluol	1326	Flintglas	4000
Stadtgas	441	Wasser	1407	Eisen	4800
Helium	971	Quecksilber	1460	Kronglas	5300
Wasserstoff	1261	Glycerin	1900	Quarzglas	5370

Vermutung führen, daß diese Geschwindigkeit nicht nur vom Medium abhängt, sondern auch vom Schall selbst; daß vielleicht verschiedene Töne oder Geräusche sich verschieden schnell fortpflanzen. Das ist jedoch nicht der Fall. Hört man nämlich aus größerer Entfernung einem Konzert zu, so nimmt man die verschiedenen Töne im gleichen Zusammenhang wahr wie ein Zuhörer in unmittelbarer Nähe des Orchesters.

Alle Töne breiten sich in der Luft mit der gleichen Geschwindigkeit von ungefähr 340 m/sec aus.

Grundbegriffe der Wellenlehre

Schall gehorcht bestimmten Gesetzmäßigkeiten

Wir haben bisher festgestellt, daß der Schall durch die Schwingungen einer Schallquelle entsteht. Durch diese Schwingungen werden die benachbarten Teilchen eines Mediums zu eigenen Schwingungen angeregt, die sich dann nach allen Richtungen in dem Medium fortpflanzen. Im folgenden sollen nun die physikalischen Begriffe erarbeitet werden, die für eine präzise Beschreibung dieser Vorgänge erforderlich sind und es gestatten, einige der ihnen zugrunde liegenden Gesetze zu formulieren.

Das Beispiel der Wasserwellen

Erinnern wir uns einer ganz alltäglichen Beobachtung. Wenn man einen Stein in einen Teich wirft, breiten sich vom Eintauchpunkt des Steines nach allen Seiten *Wellen* aus; um den Eintauchpunkt entstehen immer wieder neue kreisförmige Wellenberge und -täler, deren Umfang ständig wächst; die Welle dehnt sich aus, und man hat den Eindruck, daß sie über die Oberfläche des Teiches von ihrem Ursprungsort weg wandert.

Was aber wandert wirklich? Legt man nämlich einen schwimmenden Korken auf das Wasser, so tanzt dieser zwar im Rhythmus der vorbeistreichenden Wellenberge und -täler auf und ab, er bewegt sich aber keineswegs mit der Welle fort. Daraus läßt sich schließen, daß auch die Wasserteilchen sich nicht fortbewegen, daß sie nicht in Richtung der Wellenausbreitung mitströmen. Wäre dies der Fall, so würden sie den Korken sicherlich mitreißen. Was also pflanzt sich bei der Ausbreitung einer Welle fort?

Beim Eintauchen des Steines werden einige Wasserteilchen mit Gewalt nach unten gedrückt. Da dort kein freier Platz ist, müssen gleichzeitig andere Teilchen ausweichen, so daß unmittelbar um die Einschlagstelle die Teilchen nach oben gedrückt werden. Sobald der Stein untergetaucht ist, schnellen die Teilchen unter dem Einfluß der Schwerkraft zurück (vgl. *Abb. 6*). Dabei schießen sie aber wie ein Pendel an

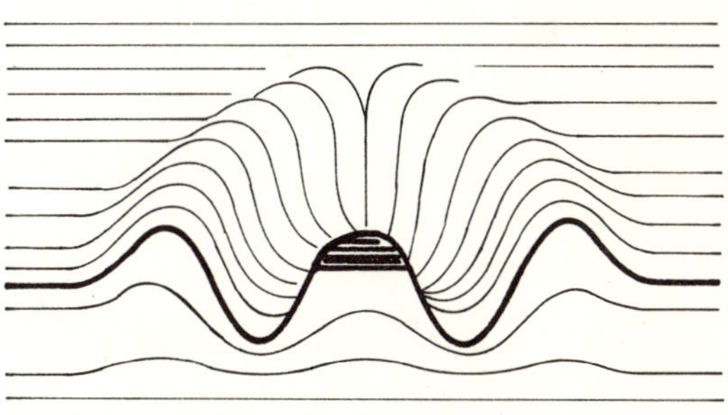

Abb. 6 Entstehung von Wasserwellen

einer Schraubenfeder über ihre ursprüngliche Ruhelage hinaus, wodurch sich der gleiche Vorgang in umgekehrter Richtung wiederholt: die Teilchen schwingen um ihre Ruhelage, sie tanzen wie der Korken auf und ab. Dabei reißen sie die benachbarten, noch in Ruhe befindlichen Teilchen mit, so daß auch sie anfangen, um ihre Ruhelage zu schwingen. Da diese Nachbarteilchen aber etwas später mit ihren Schwingungen beginnen, erreichen sie ihren höchsten oder tiefsten Punkt erst, wenn die anderen Teilchen, die näher zur Aufschlagstelle des Steines sind, diese Extrempunkte schon wieder verlassen haben: *Allein durch das zeitlich verschobene Auf und Ab der Teilchen entsteht der Eindruck, als ob Wellenberge und -täler über die Wasseroberfläche eilen.*

Eine schwingende Feder als Beispiel

Wir wollen nun die physikalischen Verhältnisse, die bei einer solchen Wellenbewegung eine Rolle spielen, an Hand einiger Modellversuche genauer untersuchen. Dazu betrachten wir zunächst eine Schraubenfeder, an deren Ende ein Gewicht hängt, und die durch Ausdehnen und wieder Loslassen in Schwingungen versetzt wird (*Abb. 7a*). *Die größte Auslenkung aus der Ruhelage – nach oben wie nach unten – heißt* Schwingungsweite *oder* Amplitude (vgl. *Abb. 7b*). *Genau eine Schwingung oder* Periode *hat die Feder dann ausgeführt, wenn sie, ausgehend von der Ruhelage, einmal auf und ab geschwungen ist und gerade wieder die Ruhelage erreicht. Die Zeit, die dabei verstreicht, heißt* Schwingungsdauer; *sie wird mit dem Buchstaben T bezeichnet.*

Da die Schwingungsdauer bei schnellen Schwingungen sehr klein ist, gibt man im allgemeinen nicht die Schwingungsdauer selbst, sondern die Anzahl der Perioden in einer Sekunde an.

Die Anzahl der Perioden pro Sekunde heißt Frequenz; *sie wird mit dem Buchstaben f bezeichnet.*

Die Maßeinheit der Frequenz beträgt 1 *Hertz* (Hz) = 1 Schwingung pro Sekunde. Statt 1 000 Hz sagt man auch 1 *Kilohertz* (kHz). Sehr hohe Frequenzen mißt man in *Megahertz* (MHz); 1 MHz = 1 Million Hertz. Beträgt z. B. die Schwingungsdauer $T = {}^{1}/_{5}$ sec, so ist die Frequenz $f = 5$ Hz. Einer Frequenz von 1000 Hz entspricht eine Schwingungsdauer von ${}^{1}/_{1000}$ sec. Allgemein gilt folglich: *Schwingungsdauer und Frequenz sind reziproke Werte: $f = 1/T$.*

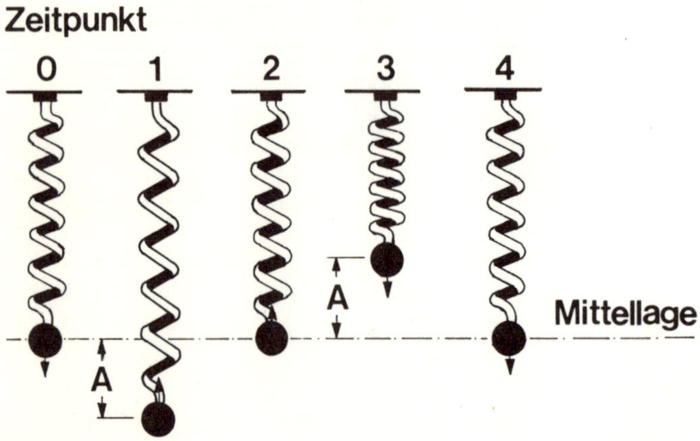

Abb. 7a Feder in harmonischer Schwingung

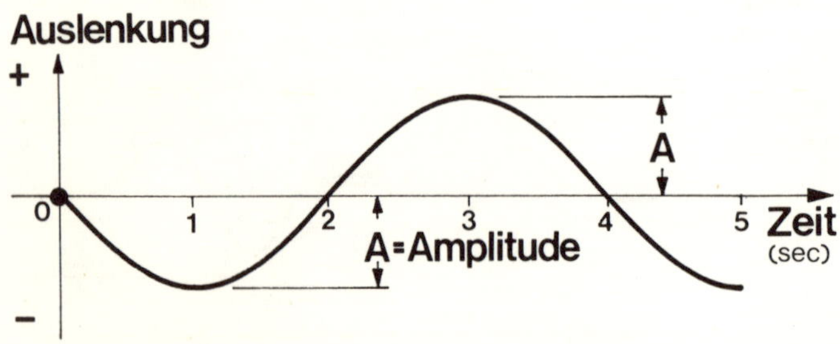

Abb. 7b Zustandsdiagramm der schwingenden Feder (der Zeit wird die jeweilige Auslenkung zugeordnet). Im Falle einer harmonischen Schwingung entsteht eine Sinuskurve

Das Modell gekoppelter Pendel

Ganz ähnlich liegen die Verhältnisse bei einem Fadenpendel, nur mit dem Unterschied, daß es hier statt der Auf- und Abbewegungen nur ein Hin und Her gibt. Mit Hilfe einer Reihe von Fadenpendeln

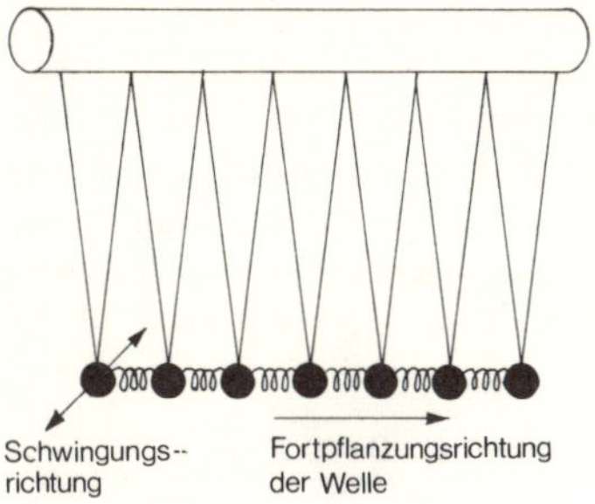

Abb. 8a Gekoppelte Pendel zur Erzeugung einer transversalen Welle

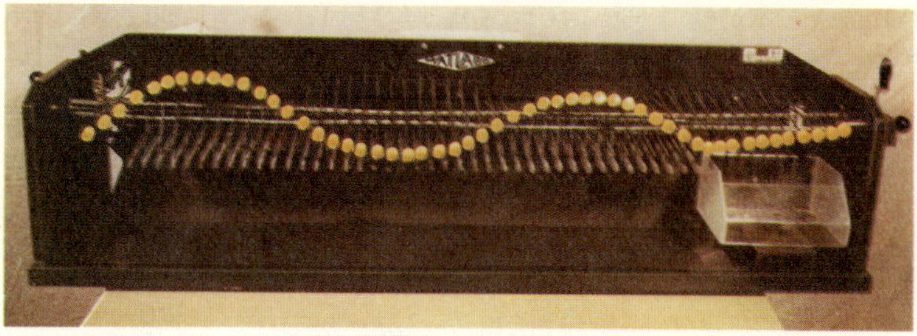

Abb. 8b Modell zur Demonstration der Transversalwelle

läßt sich nun sehr leicht das Entstehen einer Welle demonstrieren (vgl. *Abb. 8a/b*): Eine größere Zahl gleich langer Pendel sei nebeneinander jeweils so an zwei Fäden aufgehängt, daß sie nur in einer Richtung – nämlich senkrecht zu ihrer Verbindungslinie – schwingen können. Damit zwischen den Pendeln eine gegenseitige Beeinflussung möglich ist, die Schwingungen des einen Pendels das benachbarte also ebenfalls zu Schwingungen anregen können, werden die Pendelkugeln durch Schraubenfedern verbunden; dadurch entsteht ein *System gekoppelter Pendel.*

Wird nun das erste Pendel in Schwingung versetzt, so beginnen auch alle übrigen Pendel der Reihe nach zu schwingen; allerdings jedes Pendel etwas später als das jeweils vorhergehende. D. h., die Schwingung des ersten Pendels pflanzt sich mit einer bestimmten, endlichen Geschwindigkeit durch die gesamte Reihe der gekoppelten Pendel fort: es entsteht eine Wellenbewegung.

In *Abbildung 9* sind diese Verhältnisse verdeutlicht: für 16 Pendel sind zu verschiedenen Zeiten die jeweiligen Schwingungszustände dieser Pendel dargestellt. Jede Zeile ist gleichsam eine Momentaufnahme aller Pendel, wobei den einzelnen Zeilen verschiedene Zeiten entsprechen, deren zeitlicher Abstand konstant ist. Zum Zeitpunkt a sind alle Pendel in Ruhe, zur Zeit b wird das erste Pendel (Pendel 0) in Schwingung versetzt; zum Zeitpunkt c ist der Ausschlag des Pendels 0 größer geworden, Pendel 1 beginnt infolge der Kopplung gerade zu schwingen, während alle übrigen Pendel noch in ihrer Ruhelage verharren; zur Zeit d hat Pendel 0 seine maximale Schwingungsweite erreicht, während Pendel 2 infolge der Kopplung mit Pendel 1 zu schwingen beginnt. Im weiteren Verlauf schwingt Pendel 0 zurück, erreicht zur Zeit g die Ausgangsposition und schwingt zur anderen Seite weiter und wieder zurück, bis es zur Zeit m genau eine Schwingung vollendet hat. Die gleichen Schwingungen vollenden dann der Reihe nach auch alle übrigen Pendel.

In *Abbildung 10* sind die einzelnen Schwingungszustände aller Pendel durch eine Linie verbunden. Sie

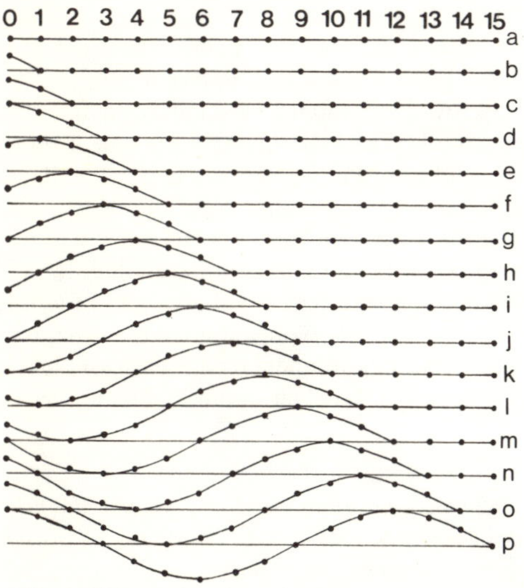

Abb. 9 Bildung einer fortschreitenden Transversalwelle

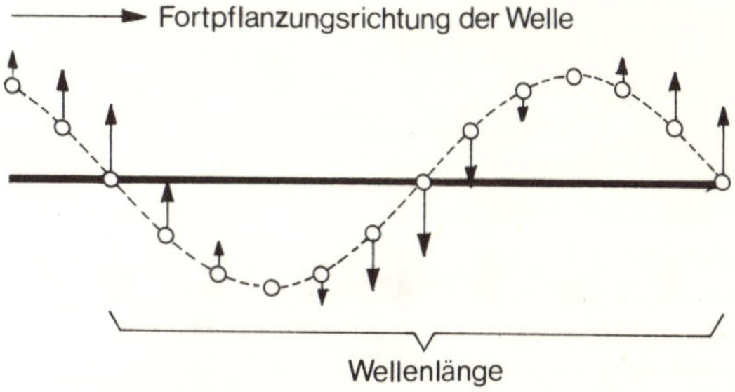

Abb. 10 Momentbild einer fortschreitenden Transversalwelle

zeigt, wie sich die Folge der Schwingungszustände insgesamt von Zeitpunkt zu Zeitpunkt um ein Pendel weiter nach rechts verschiebt; d. h. die räumliche Schwingungsverteilung wandert mit der Zeit nach rechts, so daß der Eindruck einer sich fortbewegenden Welle entsteht, obwohl die einzelnen Pendel ausschließlich um ihre Ruhelage hin und her schwingen. Der Abstand zweier Teilchen, die sich im gleichen Schwingungszustand befinden – etwa Pendel 0 und Pendel 12 zur Zeit m –, heißt *Wellenlänge* λ. Die Zeit, die die Welle braucht, um sich genau um eine Wellenlänge fortzupflanzen, entspricht gerade jener Zeit, die zur Durchführung genau einer Schwingung benötigt wird. Daraus ergibt sich für die *Fortpflanzungsgeschwindigkeit c* der Welle folgende Gleichung:

$$c = \frac{\lambda}{T}$$

Eine Welle, bei der die Schwingung der einzelnen Teilchen senkrecht zur Fortpflanzungsrichtung der Welle erfolgt – wie in dem betrachteten Pendelmodell oder auch bei den Wasserwellen –, heißt *Querwelle* oder *Transversalwelle.* Eine solche Transversalwelle ist in *Abbildung 10* nochmals dargestellt, wobei die Richtung und die Größe der momentanen Geschwindigkeit der einzelnen schwingenden Teilchen durch die Pfeile angegeben sind.

Neben den Transversalwellen gibt es eine andere Art von Wellen, die als *Längswellen* oder *Longitudinalwellen* bezeichnet werden. Bei diesen Wellen fallen Fortpflanzungsrichtung der Welle und Schwingungsrichtung der Teilchen zusammen. Die Entstehung von Longitudinalwellen läßt sich durch ein System gekoppelter Pendel ebenfalls erläutern. Dazu werden wie in *Abbildung 11* die Pendel diesmal so nebeneinander in einer Reihe aufgehängt, daß sie nur in Richtung ihrer Verbindungslinie schwingen können. Die Koppelung der Pendel, die eine gegenseitige Beeinflussung ermöglicht, wird wieder durch Schraubenfedern erreicht. Entfernt man nun das erste Pendel aus seiner Ruhelage, so beginnt es zu schwingen, und wieder überträgt sich die Schwingung der Reihe nach auf die benachbarten Pendel. In *Abbildung 12* sind für verschiedene Zeiten die Momentaufnahmen der einzelnen Schwingungszustände aller Pendel dargestellt. Auch hier wandert eine räumliche Schwingungsverteilung mit der Zeit nach rechts; nur entstehen jetzt keine Wellenberge und -täler wie bei den Transversalwellen, sondern Verdichtungen und Verdünnungen, die durch die Annäherung bzw. Entfernung benachbarter Pendel verursacht werden. Diese Verdichtungen und Verdünnungen bewegen sich durch das Pendelsystem hindurch: der Schwingungszustand pflanzt sich als Longitudinalwelle fort.

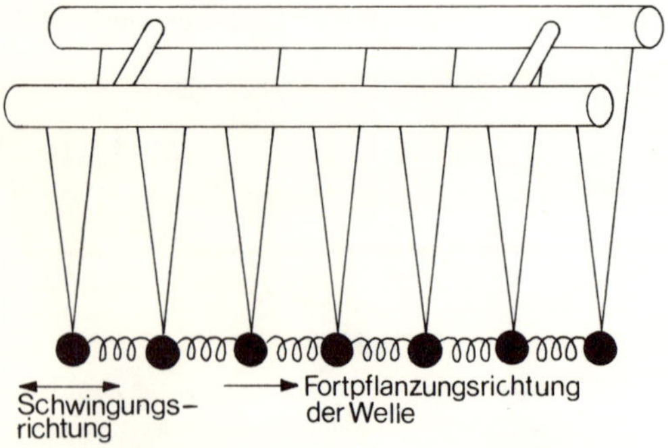

Abb. 11 Gekoppelte Pendel zur Erzeugung einer longitudinalen Welle

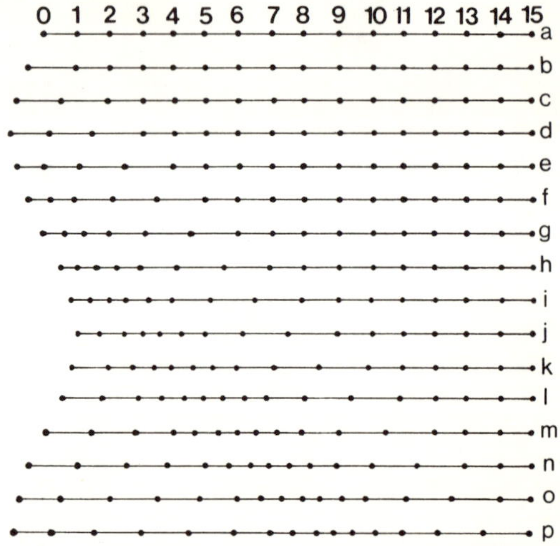

Abb. 12 Bildung einer fortschreitenden Longitudinalwelle

In *Abbildung 13* ist nochmals eine solche Longitudinalwelle dargestellt, wobei wieder die Richtung und die Größe der momentanen Geschwindigkeit der schwingenden Teilchen durch Pfeile angegeben sind.

Fassen wir zusammen:

Eine Welle entsteht dadurch, daß Teilchen, die miteinander gekoppelt sind – beim Pendelmodell durch die Schraubenfedern, beim Wasser und bei der Luft durch die Reibung und andere physikalische Kräfte –,

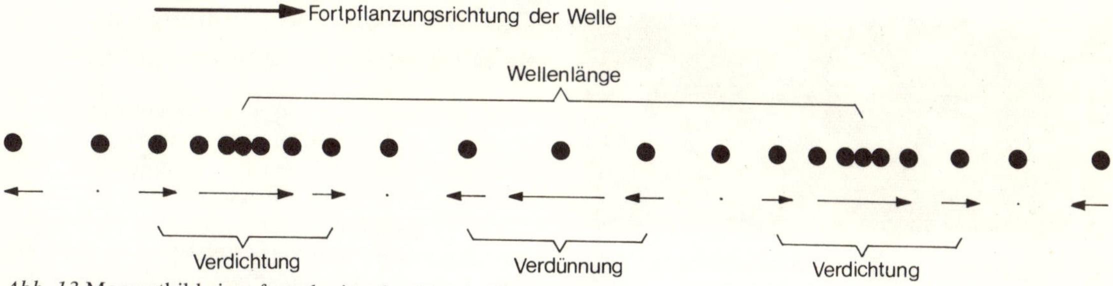

Abb. 13 Momentbild einer fortschreitenden Longitudinalwelle

ihren Schwingungszustand zeitlich verschoben aufeinander übertragen. Der jeweilige Schwingungszustand pflanzt sich fort, während das Teilchen selbst sich nicht mit der Welle fortbewegt, sondern nur mehr oder weniger kleine Pendelbewegungen um seine Ruhelage ausführt.

Recht anschaulich wird diese Wellenbewegung ohne Teilchenfortbewegung, wenn im Sommer der Wind über ein Kornfeld streicht. Noch klarer zeigt sich dies bei folgendem Versuch: Wenn das Ende eines Seiles auf- und abbewegt wird, entsteht eine Welle, die zum anderen Ende läuft. Die einzelnen Teile des Mediums, hier also des Seiles, bewegen sich nur ein wenig hin und her, sie schwingen oder pendeln um ihre Ruhelage; insgesamt entsteht aber eine Wellenbewegung, die sich fortpflanzt.

Abb. 14 Schallwellen (longitudinal) pflanzen sich von der Schallquelle (Stimmgabel) in den Raum fort. Die Luft wird komprimiert und expandiert im Rhythmus der schwingenden Stimmgabel. Dieser Zustand breitet sich mit Schallgeschwindigkeit aus

Der Schall als Welle

Doch kehren wir nun von den Modellversuchen zum Schall zurück. Daß hier die Verhältnisse ganz ähnlich liegen, kann man an einer Stimmgabel demonstrieren. Wird eine Stimmgabel durch Anschlagen zum Klingen gebracht, schwingen die Enden hin und her; man hört einen Ton. Die Schallquelle – also die Stimmgabel – führt Schwingungen aus, die auf das umgebende Medium, die Luft, übertragen werden, indem die Luftteilchen bei jeder Schwingung etwas zusammengepreßt werden und dann wieder zurückschwingen.

Die Schwingungen der Schallquelle pflanzen sich in der Luft als Longitudinalwelle fort: es wandern von der Schallquelle aus Verdichtungen und Verdünnungen durch den Luftraum.

Das Oszillogramm gibt den Schwingungsverlauf wieder

Um die Schwingungen der Stimmgabel (*Abb. 14*) aufzuzeichnen, wird an ihr eine kleine Schreibvorrichtung befestigt. Zieht man dann die Stimmgabel gleichzeitig über eine geschwärzte Glasplatte (*Abb. 15 a*), so entsteht eine Wellenlinie, bei der jeder Punkt

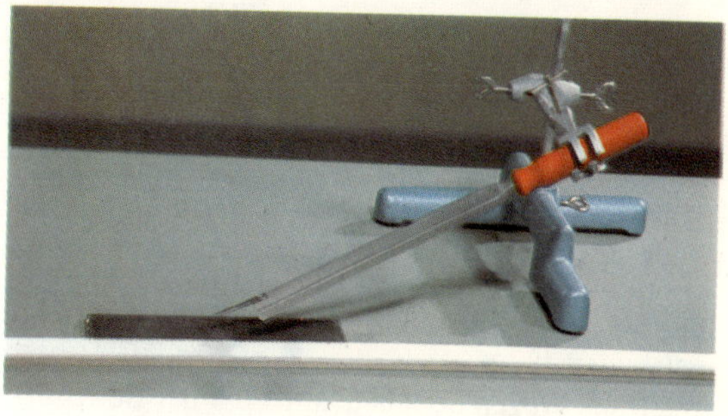

Abb. 15 a Schwingungsaufzeichnung einer Stimmgabel auf geschwärzter Glasplatte

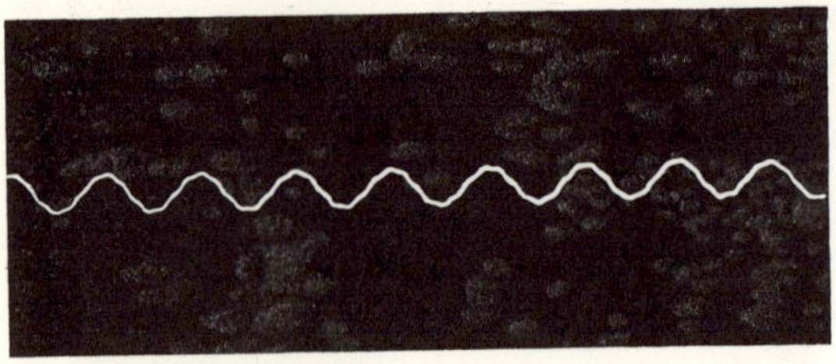

Abb. 15 b Schwingungsspur auf der Glasplatte, die unter der Stimmgabel durchgezogen wurde

der Linie angibt, wo sich die Schreibspitze im entsprechenden Moment befand: Die Schwingung ist zeitlich auseinandergezogen. Diese Darstellung nennt man ein *Oszillogramm,* d. h. eine Schwingungsaufzeichnung (*Abb. 15 b*). Die Amplitude des Oszillogramms gibt den maximalen Ausschlag der Stimmgabel an, während die Wellenlänge genau der Zeit (Schwingungsdauer) entspricht, die die Stimmgabel für eine Periode benötigt.

Schlägt man die Stimmgabel kräftiger an, so klingt sie lauter; am Oszillogramm sieht man, daß die Amplitude größer geworden ist. Daraus läßt sich die Bedeutung der Amplitude für den Schall ablesen:
Je größer die Amplitude einer Schwingung, desto lauter ist der Ton.

Führt man den Versuch jedoch mit einer anderen Stimmgabel durch, die einen anderen Ton ergibt, so zeigt sich, daß sich die Wellenlänge des Oszillogramms, d. h. die Schwingungsdauer, verändert hat:
Je kürzer die Schwingungsdauer, desto höher der Ton; oder, da die Schwingungsdauer reziprok zur Frequenz ist: je höher die Frequenz, desto höher der Ton.

Bisher haben wir das Oszillogramm in derselben Weise interpretiert, wie wir es auch gewonnen haben: als zeitlich auseinandergezogene Schwingung. Da aber die Teilchen eines Mediums alle die gleiche Schwingung ausführen, nur zeitlich verschoben, kann man ein solches Oszillogramm auch als Momentaufnahme der vielen verschiedenen Schwingungszustände benachbarter Teilchen auffassen, eben als Welle. Dadurch ist es möglich, in einem Medium, das an allen Stellen gleich ist – wie im allgemeinen die Luft –, irgendein beliebiges Teilchen herauszugreifen und das dortige Schwingungsverhalten zu untersuchen. Wegen der Gleichartigkeit der Bewegungen können dann Aussagen über alle Teilchen, also über das gesamte Schallfeld gemacht werden.

Das Mikrofon: Umwandlung von Schall in elektrische Schwingungen

Diese Möglichkeit macht man sich bei den meisten akustischen Untersuchungen zunutze. Da das Schwingungsverhalten vieler Schallquellen sehr schwer zu untersuchen ist, zeichnet man einfach das Schwingungsverhalten der Luft auf. Das läßt sich mit Hilfe eines *Mikrofons* erreichen. Ein Mikrofon besteht im Prinzip aus einem *mechanischen* und einem *elektrischen Teil.* Der mechanische Teil, im allgemeinen eine schwingungsfähige Membran, wird durch die Bewegungen der Luftteilchen zu gleichartigen Schwingungen angeregt. Diese Schwingungen der Membran werden durch den elektrischen Teil des Mikrofons in elektrische Schwingungen umgewandelt:
Ein Mikrofon stellt ein Transformationsinstrument dar, das mechanisch-akustische Schwingungen der Luft in analoge elektrische Schwingungen umwandelt.
Die vom Mikrofon erzeugten elektrischen Schwingungen können durch einen *Oszillographen,* der ähnlich wie ein Fernsehgerät funktioniert, sichtbar gemacht werden. Die Sichtbarmachung dient lediglich dazu, dem Menschen die elektrischen Veränderungen auf optischem Wege zugänglich zu machen, da wir kein Sinnesorgan besitzen, das direkt auf elektrische Signale anspricht.

Die Interferenz

Mit diesem Hilfsmittel demonstrieren wir noch einmal die Schwingungsform einer Stimmgabel, indem wir sie vor ein Mikrofon halten, das an einen Oszillographen angeschlossen ist. Es ergibt sich die schon bekannte Wellenlinie, bei der – wie durch verschiedene Stimmgabelversuche nachzuweisen ist – die Amplitude der Lautstärke entspricht, während die Frequenz sich mit der Tonhöhe ändert. Wie aber sieht die Wellenlinie aus, wenn zwei Stimmgabeln gleichzeitig erklingen? Das Oszillogramm zeigt deutlich, daß beide Wellen sich überlagern und eine neue, komplizierte Wellenform entsteht (*Abb. 16*). Es bilden sich sogenannte *Interferenzerscheinungen* aus.
Unter Interferenz *versteht man die Überlagerung mehrerer Schwingungen oder Wellen.*
Eine besondere Interferenzform erhält man, wenn man zwei Stimmgabeln, deren Töne sich nur *gering-*

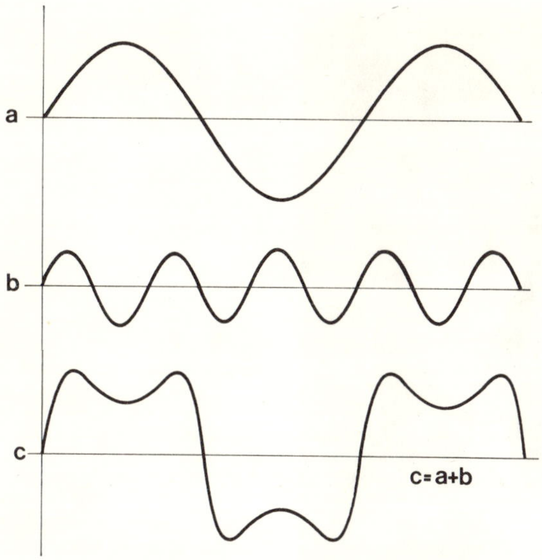

Abb. 16 Überlagerung von zwei Sinusschwingungen

fügig unterscheiden, gleichzeitig erklingen läßt. Es entsteht der Eindruck, daß die Lautstärke des entstehenden Tones rhythmisch schwankt. Dies läßt sich auch deutlich aus dem Oszillogramm ablesen: die Amplitude verändert sich periodisch. Man nennt dieses Phänomen *Schwebung* (*Abb. 17*). Beim Stim-

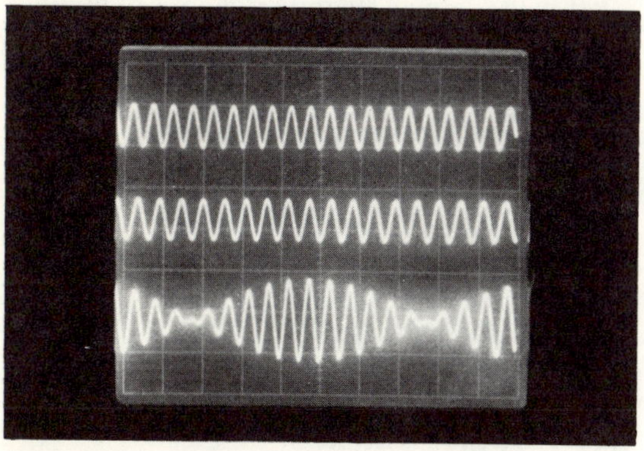

Abb. 17 Entstehung einer Schwebung durch Überlagerung von zwei Schwingungen mit geringen Frequenzunterschieden (Oszillogramm)

men von Musikinstrumenten, etwa einem Klavier, wird die Schwebung dazu benutzt, zwei Töne auf gleiche Tonhöhe einzustimmen.

Noch eine andere Interferenzerscheinung läßt sich an einer klingenden Stimmgabel beobachten. Dreht man die Gabel nämlich um ihre eigene Längsachse, so lassen sich unterschiedliche Lautstärkezonen feststellen. Dies ist leicht dadurch zu erklären, daß sich von den beiden Zinken der Stimmgabel jeweils konzentrische Wellen ausbreiten, die gleiche Frequenz und Amplitude besitzen. Treffen nun zwei Wellenberge oder zwei Wellentäler aufeinander, so verstärkt sich die Schwingung der betroffenen Luftteilchen; die Amplitude und folglich die Lautstärke wird größer. Treffen dagegen ein Wellenberg und ein Wellental aufeinander, so löschen sie sich gegenseitig aus: die Schwingung und damit der Schall verschwindet.

Die Überlagerung von Wellen läßt sich auch bei Wasserwellen beobachten; man braucht dazu nur zwei oder mehr Steine zugleich in einen Teich zu werfen. Die jeweils entstehenden kreisförmigen Wellen durchdringen einander und bilden auf der Wasseroberfläche komplizierte Schwingungsstrukturen (*Abb. 18*).

Abb. 18 Interferenzen bei Wasserwellen

Die Reflexion

Noch ein weiteres Phänomen läßt sich an Wasserwellen gut beobachten. Erreicht nämlich eine Welle ein Hindernis – etwa den Rand des Teiches –, so wird sie zurückgeworfen, reflektiert. Die dadurch entstehende rücklaufende Welle bildet mit der ankommenden Welle ebenfalls Überlagerungserscheinungen aus.

Ähnliche Erscheinungen treten auch bei Schallwellen auf. So erklärt sich z. B. das *Echo* durch eine derartige *Reflexion*. Ein Echo entsteht, wenn Schallwellen auf ein Hindernis wie etwa eine Mauer, eine Felswand oder auch einen Waldrand treffen. Nach

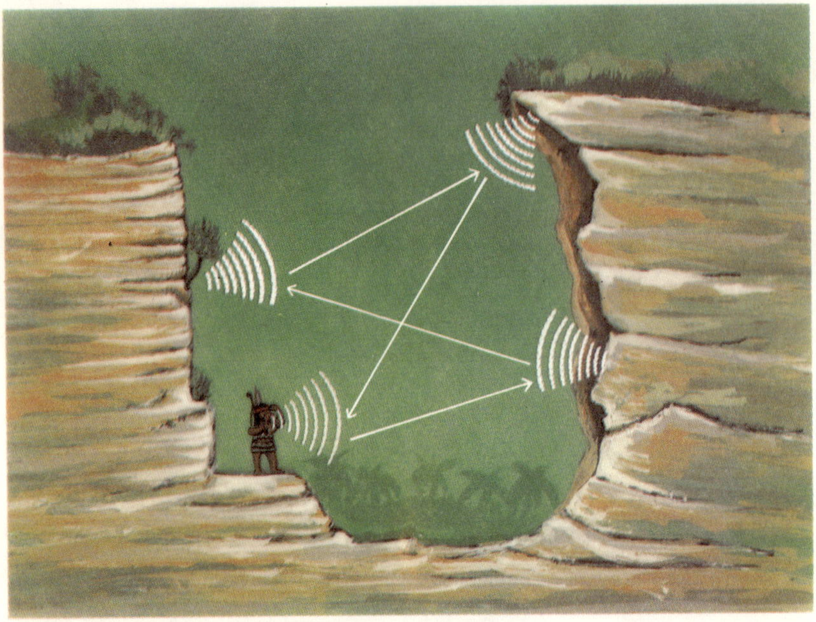

Abb. 19 Entstehung des Echos

einer Zeit, die die Schallwellen für den Hin- und Rückweg bis zum Hindernis benötigen, hört man den Ruf zurückschallen (*Abb. 19*).
Da zum Aussprechen einer Silbe etwa $1/5$ sec benötigt wird, muß die Entfernung des Hindernisses wenigstens 34 m betragen, will man den zurückgeworfenen Schall erst nach dem Aussprechen der Silbe als Echo hören. Befindet man sich dagegen näher an dem Hindernis, so geht das Echo in den sogenannten *Nachhall* über, der für die Hörbarkeit und Deutlichkeit von Schallwellen in der Raumakustik eine wichtige Rolle spielt.
Eine interessante Reflexionserscheinung läßt sich in sogenannten *Flüstergewölben* beobachten. In solchen Gewölben sind Decke und Wände so geformt, daß alle von einem bestimmten Punkt im Raum ausgehenden Schallwellen derart reflektiert werden, daß sie an einem anderen, entfernten Punkt wieder konzentriert werden. Dadurch ist ein Flüstern an dem einen Ort deutlich am anderen zu verstehen (*Abb. 20*).
Auf der Reflexion von Schallwellen beruht ferner das *Sprachrohr,* das die vom Mund ausgehenden Schallwellen so reflektiert, daß sie das Rohr annähernd parallel verlassen. Auf diese Weise läßt sich eine Reichweite bis zu 1000 m erzielen (*Abb. 21*).

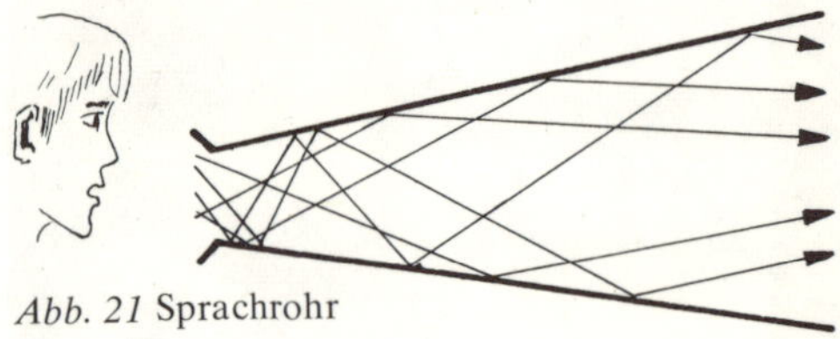

Abb. 21 Sprachrohr

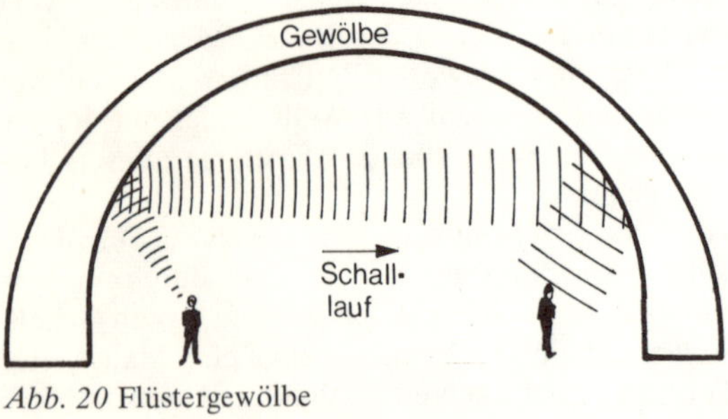

Abb. 20 Flüstergewölbe

Der Doppler-Effekt

Zum Abschluß der Erörterungen von grundlegenden physikalischen Eigenschaften des Schalls sei noch ein recht interessantes Phänomen betrachtet, das im täglichen Leben oft zu beobachten ist. Beim Herannahen einer pfeifenden Lokomotive hört man einen Pfeifton, der plötzlich in einen tieferen umschlägt, wenn sie gerade am Beobachter vorbeifährt und sich von ihm entfernt. Das gleiche stellt man

fest, wenn man von einem hupenden Auto überholt wird. Wie ist diese Erscheinung, die den Namen *Doppler-Effekt* trägt, zu erklären?
Dazu greifen wir auf das Wellenmodell zurück und betrachten einen Wellenberg, der von der Schallquelle ausgesandt wird. Dieser Wellenberg benötigt eine bestimmte Zeit, bis er von der Quelle zum Beobachter gelangt ist. Der nächste Wellenberg, der von der Schallquelle ausgeht, wird aber, da die Quelle sich auf den Beobachter zubewegt, nicht vom gleichen Ort ausgesandt wie der vorhergehende. Dadurch ist die Entfernung kürzer, die der zweite Wellenberg zurückzulegen hat, d. h., er kommt schneller als der erste beim Beobachter an. Insgesamt erreichen ihn also mehr Wellenberge, als wenn die Quelle ruhen würde: die Frequenz am Ort des Beobachters ist größer, der Ton erscheint höher (*Abb. 22*). Umgekehrt ist es, wenn die Quelle sich entfernt. Dann ist die zurückzulegende Entfernung größer und die damit erforderliche Zeit länger, d. h., die Frequenz und die Tonhöhe sinken.
Fassen wir das Bisherige kurz zusammen:
Alle Schallereignisse – gleich welcher Art – entstehen durch mehr oder weniger komplizierte Schwingungen von Schallquellen. Diese Schwingungen pflanzen sich in dem umgebenden Medium mit endlicher Geschwindigkeit als komplexe Longitudinalwellen fort. Die Wellen unterliegen dabei Interferenzen und Reflexionen. Dadurch entstehen noch komplexere Wellenformen, die den Charakter des Schallereignisses entscheidend verändern können.

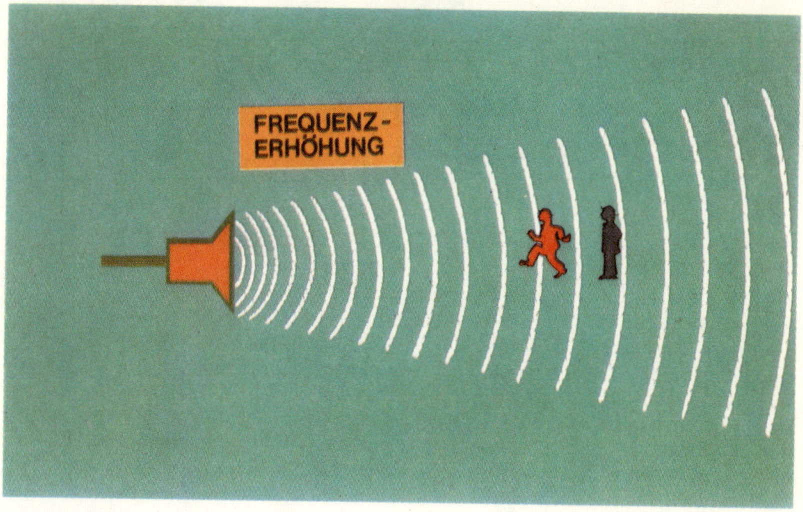

Abb. 22 Dopplereffekt

Das Gehörorgan

Diese komplizierten physikalischen Vorgänge wären für Menschen und Tiere bedeutungslos, hätten sie nicht ein Sinnesorgan, das für die Aufnahme von Schall besonders eingerichtet ist. Erst dadurch, daß das Ohr durch die akustischen Ereignisse der Umwelt erregt wird, ist ein Lebewesen in der Lage, auf die akustisch vermittelten Informationen über die jeweiligen Umweltbedingungen zu reagieren.
Das Ohr ist, ähnlich wie ein Mikrofon, ein Transformationsinstrument. Die ankommenden Schallwellen werden in Nervenimpulse umgesetzt, die dann vom zentralen Organ verarbeitet werden. Dies geschieht, indem der Schall eine Membran des Gehörorgans in Schwingungen versetzt. Bei Tieren, die im Wasser leben, funktioniert das auf sehr einfache Weise. Die Flüssigkeit, in der die Schwimmblase ruht, wird durch die Schallwellen des Wassers in Schwingungen versetzt; diese Schwingungen werden direkt auf die Membran des Innenohres übertragen. Das *Innenohr* ist im Prinzip ein Behälter, der mit einer wäßrigen Flüssigkeit gefüllt ist, die über eine Membran in Schwingungen versetzt werden kann. Auf die entstehenden Flüssigkeitsbewegungen sprechen dann die Sinneszellen des Innenohres an, so daß ein Hörvorgang stattfindet.
Diese einfache Schwingungsübertragung ist bei Tieren, die in der Luft leben, nicht möglich. Die Membran des Innenohres müßte dann nämlich auf der einen Seite in Wasser – einem relativ starren Me-

dium – und auf der anderen Seite in Luft – einem sehr leicht komprimierbaren Medium – schwingen. Dadurch würden nahezu alle Schallwellen wie an einem festen Hindernis reflektiert, so daß im Innenohr kaum eine Bewegung entstünde. Dies wird nun bei den in der Luft lebenden Tieren, wie auch beim Menschen, durch einen Mechanismus des *Mittelohres* verhindert.

sie auf die Membran des Innenohres, das sogenannte *ovale Fenster,* überträgt. Die ganze Anordnung funktioniert wie ein Hebelmechanismus, der die auf das Trommelfell auftreffenden Luftschwingungen, die eine verhältnismäßig große Amplitude, aber geringe Kraft besitzen, in Bewegungen von ziemlich kleiner Amplitude, aber wesentlich größerer Kraft umsetzt.

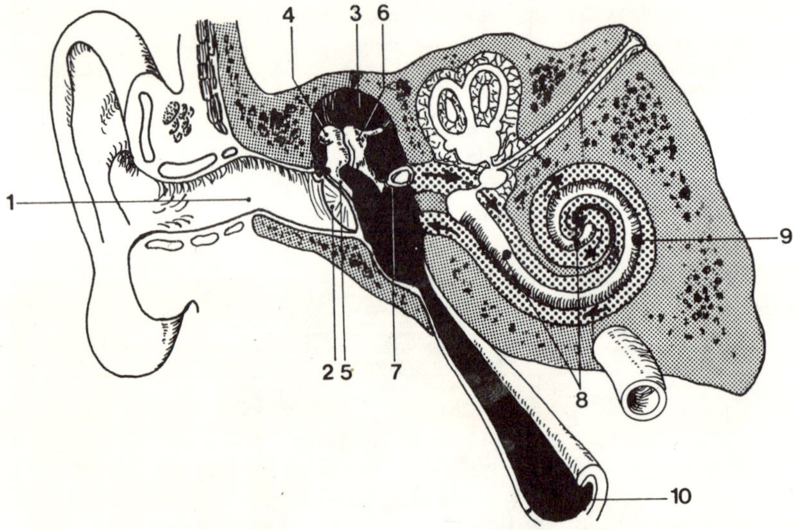

Abb. 23 Das Ohr des Menschen (schematische Darstellung)
Äußeres Ohr: hell; Mittelohr: dunkel; Innenohr: grau (1) Äußerer Teil des Gehörganges mit Ohrmuschel; (2) Trommelfell; (3) Paukenhöhle (Mittelohr); (4) Hammer mit Hammergriff (5). Er überträgt die Schwingungen des Trommelfells durch das Mittelohr auf den Amboß (6). Von dort werden sie über den Steigbügel (7) zum Innenohr, der Schnecke (8), geleitet. Hier liegt das eigentliche Organ der Hörempfindung, das Cortische Organ (9). Es besteht aus etwa 16000 Hörzellen mit feinsten Härchen. Die Hörzellen setzen den Schall in Nervenströme um. Die Ohrtrompete (10) ermöglicht den Druckausgleich für die beiden Seiten des Trommelfells. Sie öffnet sich beim Schlucken

Im Mittelohr befinden sich beim Menschen drei Gehörknöchelchen: *Hammer, Amboß* und *Steigbügel.* Der Hammer ist mit dem *Trommelfell* verwachsen, das die äußere Membran des Ohres bildet und durch die Schallwellen der Luft zu Schwingungen angeregt wird. Der Hammer überträgt diese Schwingungen auf den Amboß und weiter auf den Steigbügel, der

Vor dem Trommelfell befindet sich noch das *äußere Ohr,* bestehend aus *Ohrmuschel* und *Gehörgang,* das dazu dient, die ankommenden Schallwellen durch entsprechende Reflexionsvorgänge zu sammeln und konzentriert auf das Trommelfell zu leiten (*Abb. 23*).

Übungsaufgaben

1. Welche der drei Aussagen ist richtig?

- ☐ **a)** Akustik ist die Wissenschaft von den Sinneseindrücken
- ☐ **b)** Töne, Klänge und Geräusche bezeichnen Sinneseindrücke
- ☐ **c)** Schallsignale sind Träger von Informationen

2. Was versteht man unter Zeichencharakter eines Schallsignals?

- ☐ **a)** das Schallsignal steht für eine Bedeutung
- ☐ **b)** das Schallsignal läßt sich zeichnen
- ☐ **c)** Austausch von Informationen

3. Wie entsteht Schall?

- ☐ **a)** durch Schwingungen eines Uhrpendels
- ☐ **b)** durch Schwingungen eines Erregers
- ☐ **c)** durch Vorgänge im Vakuum

4. Schall breitet sich nicht aus im/in

- ☐ **a)** luftleeren Raum
- ☐ **b)** Luft
- ☐ **c)** festen Körpern

5. Welche Aussage ist richtig?

- ☐ **a)** der Schall breitet sich mit 1 500 m/sec aus
- ☐ **b)** der Schall benötigt keine Zeit, um sich auszubreiten
- ☐ **c)** die Schallgeschwindigkeit beträgt ca. 340 m/sec
- ☐ **d)** die Schallgeschwindigkeit in Metallen ist niedriger als in Luft

6. Was versteht man unter Frequenz?

- ☐ **a)** Periode einer Schwingung
- ☐ **b)** Amplitude
- ☐ **c)** Anzahl der Perioden pro Zeiteinheit

7. Wie verhalten sich Schwingungsdauer T und Frequenz f zueinander?

- ☐ **a)** proportional
- ☐ **b)** umgekehrt proportional (reziprok)
- ☐ **c)** wie $f = \frac{1}{T^2}$

8. Was versteht man unter einer Longitudinalwelle?

- ☐ **a)** Fortpflanzungsrichtung der Welle und Schwingungsrichtung der Teilchen fallen zusammen
- ☐ **b)** Fortpflanzungsrichtung der Welle und Schwingungsrichtung der Teilchen stehen in keiner geordneten Beziehung
- ☐ **c)** Schwingungszustand pflanzt sich entgegengesetzt der Schwingungsrichtung der Teilchen fort

9. Was ist ein Oszillogramm?

- ☐ **a)** der elektrische Teil des Mikrofons
- ☐ **b)** die zeitliche Schwingungsaufzeichnung
- ☐ **c)** eine Schallwelle

10. Wie verhalten sich Schwingungsfrequenz f und Tonhöhe H eines Tones zueinander?

- ☐ **a)** proportional
- ☐ **b)** umgekehrt proportional (reziprok)
- ☐ **c)** wie $f = \frac{1}{H^2}$

11. Wozu wird beispielsweise das Phänomen der Schwebung benutzt?

- ☐ **a)** um Echo vom Nachhall zu unterscheiden
- ☐ **b)** um Klaviere einzustimmen
- ☐ **c)** um den Doppler-Effekt zu erklären

12. Was haben Ohr und Mikrofon gemeinsam?

- ☐ **a)** sie transformieren Schallsignale
- ☐ **b)** sie stellen beide eine Schallquelle dar
- ☐ **c)** sie können verschiedene Frequenzen übertragen

2. Musik akustisch

Was ist Musik?

Diese allgemeine Frage ist oft gestellt worden und wird auch heute immer wieder gestellt. Man fragt sich, wieso junge Leute Gefallen an Beatmusik, Schlagern oder Jazz finden, wo nach Meinung mancher diese Art von Musik „künstlerisch nicht anspruchsvoll", wohl aber „sehr laut" sei. Genauso mag jemand eine Beethovensinfonie „langweilig" und „nichtssagend" finden, während er bei Klängen indischer Musik geradezu „entzückt" ist. Was für den einen Musik ist, scheint für den anderen Lärm zu sein; was dem anderen schön klingt, bringt den einen durcheinander.

In allen Fällen wird man sicher nach Begründungen fragen können und auch Antworten der verschiedensten Art erhalten. Eines aber läßt sich wohl mit großer Wahrscheinlichkeit sagen: alle diese Antworten beruhen auf subjektiven, inneren Erlebnissen, die einzelne Menschen beim Hören einer bestimmten Art von Musik haben. Andererseits werden diese Erlebnisse durch objektiv feststellbare Ereignisse physikalischer Art hervorgerufen.
Jeder Art von Musik liegen bestimmte Schallereignisse zugrunde, deren Gesetzmäßigkeiten wir im folgenden näher kennenlernen wollen, indem wir unsere Anfangsfrage etwas verändert erneut stellen:

Abb. 1 Beatband

Was ist Musik physikalisch?

Schon in der Antike hat sich der Philosoph und Mathematiker *Pythagoras* Gedanken über diese Frage gemacht, und er ist zu Ergebnissen gekommen, die heute noch grundlegende Gültigkeit haben. Er benutzte für seine Experimente ein altes Instrument, das *Monochord* (*Abb. 2*). Es ist sehr einfach aufge-

Abb. 2 Monochorddarstellung aus dem Mittelalter

baut, denn es besteht im Grunde nur aus einer oder mehreren gespannten Saiten. Als Musikinstrument ist es kaum zu verwenden; es klingt hohl, und die Lautstärke ist gering. Aber es war in der Lage, auf hervorragende Weise die Gesetzmäßigkeiten der Töne offenzulegen. Pythagoras entdeckte damals schon, daß bestimmte Beziehungen zwischen Saitenlängen und Tönen bestehen. Selbst heute noch wird das Monochord häufig als Experimentiergerät im Physikunterricht eingesetzt. Doch bevor wir diese Experimente des Pythagoras im Prinzip wiederholen, wollen wir noch einmal auf die Stimmgabel zurückkommen (vgl. Kap. 1, Abb. 14).

Die Stimmgabel, ein einfacher Sinusgenerator

Der Musiker benutzt die Stimmgabel, um sein Instrument auf den von ihr vorgegebenen Ton einzustimmen. Durch Anschlagen wird die Stimmgabel zum Schwingen und damit zum Klingen gebracht. *Abbildung 3* zeigt den typischen Schwingungsver-

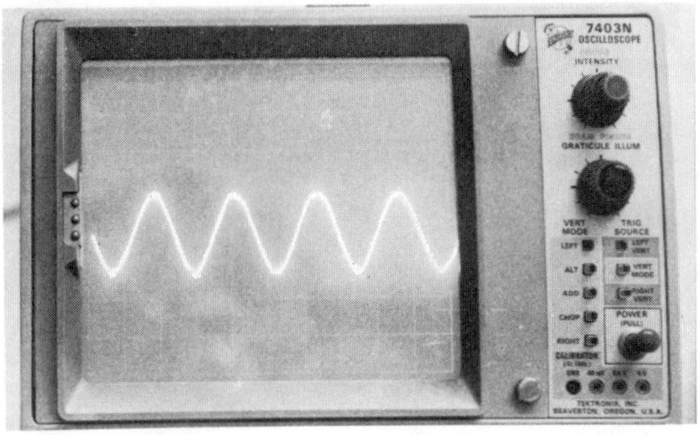

Abb. 3 Oszillogramm des Tons einer Stimmgabel

lauf oder das *Oszillogramm* einer Stimmgabel. Es hat eine relativ einfach regelmäßige Form, die man *Sinusschwingung* nennt. Vom Gehöreindruck her lassen sich *Sinustöne,* wie wir Schallereignisse dieser Art vereinfachend bezeichnen wollen, als ziemlich starr, neutral oder gar farblos charakterisieren.

Ein solcher sinusförmiger Schwingungsverlauf wird in der musikalischen Akustik Ton genannt.

In der experimentellen Akustik arbeitet man zur Erzeugung von Sinustönen nur noch selten mit Stimmgabeln; man verwendet statt dessen *Sinusgeneratoren (Abb. 4a)*, die derartige Sinustöne elektronisch erzeugen. *Abbildung 4b* zeigt die Oszillogramme verschiedener Sinusschwingungen. An diesen Schwingungsverläufen lassen sich zwei wesentliche Eigenschaften ablesen, mit deren Hilfe man Sinustöne voneinander unterscheiden kann:

1. die Größe der Schwingungsauslenkung, die sogenannte *Amplitude* (vgl. Kap. 1, Abb. 7b): je höher die Amplitude, um so lauter empfinden wir den Ton;
2. die Anzahl der Hin- und Hergänge der Schwingung in der Zeit, die *Frequenz.*

Mit steigender Frequenz hören wir einen höheren Ton, wobei steigende Frequenz bedeutet, daß mehr Schwingungen pro Sekunde erfolgen. Die Tonhöhenwahrnehmung hat folglich ihre physikalische Ursache in der Frequenz des Tones: *Je größer die Frequenz, desto höher der Ton.*

Musikinstrumente tönen nicht, sie klingen

Vergleicht man den Klang der Musikinstrumente mit dem Ton einer Stimmgabel oder eines Sinusgenerators, so empfinden wir die Musikinstrumente

Abb. 4 Darstellung von Tönen auf dem Oszillographenschirm

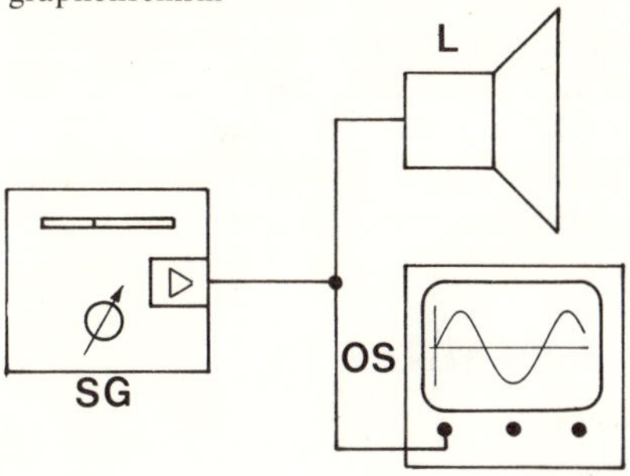

a) Versuchsaufbau. SG = Sinusgenerator – erzeugt die Töne. Die Frequenz (Tonhöhe) ist regelbar. L = Lautsprecher. Os = Oszillograph

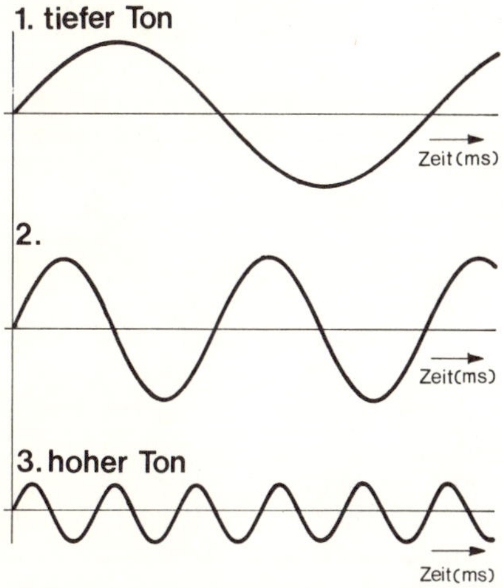

b) Oszillogramm verschiedener Tonhöhen. Bei Einstellung gleicher Zeitablenkbasis des Elektronenstrahls deuten die Kurvenzüge steigende Frequenz (Tonhöhe) von Kurve 1 nach Kurve 3 an

als wohlklingender. Das liegt daran, daß ihre Schwingungsform wesentlich komplizierter ist als die einfacher Sinustöne. Jedes Instrument hat einen charakteristischen Schwingungsverlauf (vgl. *Abb. 5 a/b*). Halten wir folgendes fest:

Die von Musikinstrumenten erzeugten Schallvorgänge, die wir Klänge nennen, sind im Unterschied zu den sinusförmigen Tönen komplizierter strukturiert. Was wir als unterscheidbare Klangfarben verschiedener Musikinstrumente bezeichnen, hat seine physikalisch-akustische Ursache in der Anzahl und Stärke sogenannter Obertöne, welche unterschiedliche Klangformen und damit verschiedene Klangfarben in der Wahrnehmung hervorrufen.

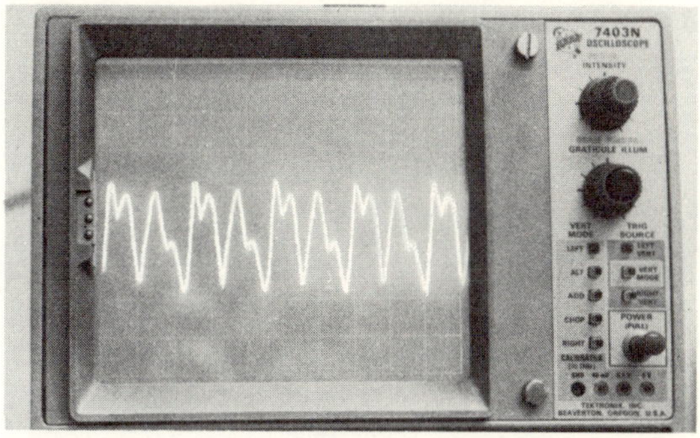

Abb. 5 a Oszillogramm des Kammertons A auf der Flöte

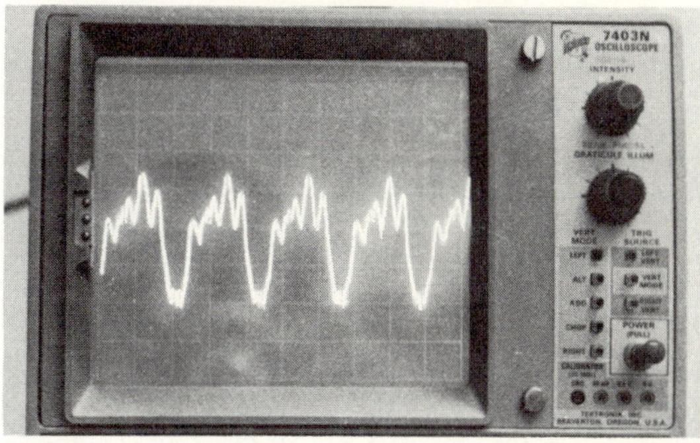

Abb. 5 b Oszillogramm des Kammertons A auf der Geige

Wodurch entstehen Obertöne?

Wie kann man das Entstehen solcher Obertöne erklären? Im Experiment läßt sich dies einfach mit Hilfe zweier Sinusgeneratoren zeigen, deren Ausgänge additiv gemischt werden. Zur Erklärung dieses Experimentes betrachten wir die Sinusschwingungen f_1 und f_2 in *Abbildung 6 b*. Sie unterscheiden sich voneinander durch unterschiedliche Amplituden und Frequenzwerte. Wenn wir nun diese beiden Kurven Punkt für Punkt entlang der Zeitachse addieren, so entsteht eine *Summenschwingung* f_3, die in *Abbildung 6 b* dargestellt ist. Die Form dieser Summenschwingung ähnelt schon eher den Schwingungen, die wir bei den Klängen der verschiedenen Instrumente kennengelernt haben. Man nennt dieses Verfahren der Überlagerung in der Fachsprache *additive Superposition.*

Strahlen beispielsweise zwei Schallquellen in einem Raum gleichzeitig Schallsignale ab, die an einer beliebigen Stelle des Raumes mit einem Mikrofon auf-

Abb. 6 Akustische Überlagerung von zwei Tönen verschiedener Frequenzen (vgl. Kapitel 1, Abb. 16)

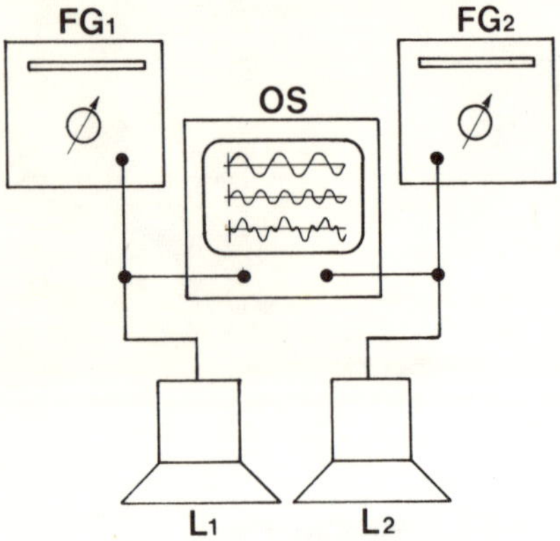

a) Versuchsaufbau. FG_1/FG_2 = Sinusgenerator; L_1/L_2 = Lautsprecher; Os = Oszillograph

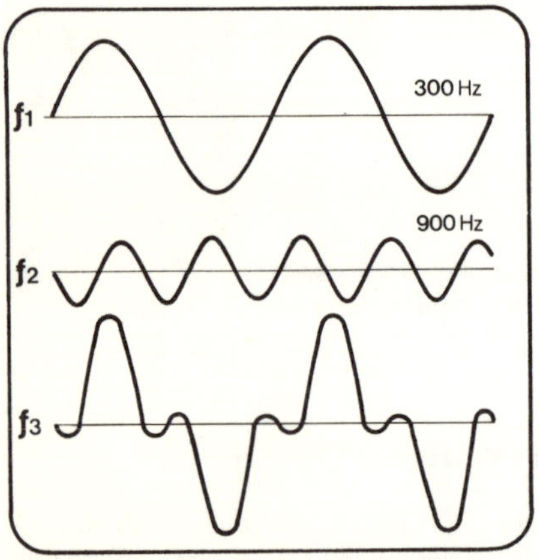

b) Oszillogramm. Der Ton f_1 liegt genau dreimal so hoch wie f_2. f_3 zeigt die Summe von f_1 und f_2 (additive Superposition). Im Ton f_3 sind also f_1 und f_2 enthalten. f_3 ist zum Klang geworden

genommen werden, so zeigt sich in dem resultierenden Oszillogramm ebenfalls eine Summenschwingung, die durch additive Superposition zustande gekommen ist. Auch die verschiedenen Registrierungen einer Kirchenorgel kommen auf diese Art zustande. Die Töne mehrerer Pfeifen mischen sich zu einem Gesamtklang, den wir als Summenschwingung mit unserem Ohr wahrnehmen; bei einer elektronischen Orgel wird dieser Mischvorgang elektrisch vorgenommen (vgl. dazu Kapitel 1, Interferenz).

Ein Spezialfall solcher Klänge, die durch Überlagerung von Sinustönen entstehen, ist die uns schon bekannte *Schwebung* (vgl. Kapitel 1, *Abb. 17*). Dabei werden zwei Sinustöne miteinander gemischt, die sich in der Frequenz nur geringfügig unterscheiden. Man hat dann den Eindruck, daß die Lautstärke des entstehenden Klanges rhythmisch schwankt. Dieser Eindruck kommt durch die sich periodisch verändernde Amplitude zustande.

Das Spektrum – Mikrobild eines Klanges

Aus den erwähnten experimentellen Befunden läßt sich nun eine interessante Schlußfolgerung herleiten:

Ebenso wie wir die komplizierten Strukturen von Klängen durch additive Superposition einfacher Sinusschwingungen erzeugen können, kann man einen vorgegebenen Klang dadurch analysieren, daß man diejenigen Sinusschwingungen angibt, aus denen der Klang aufgebaut werden kann. Diesen Vorgang nennt man spektrale Analyse.

Spektral übrigens deshalb, weil man etwas ähnliches auch vom Licht her kennt. Das weiße Licht besteht aus einer Fülle von Farben. Im Regenbogen kommen die Einzelfarben zum Vorschein. Man spricht dann vom Spektrum.

Es war *Baron de Fourier,* der vor rund 150 Jahren die wichtige Entdeckung machte, daß jede beliebige Schwingungsform durch Überlagerung von reinen Sinusschwingungen erzeugt werden kann. Das nach ihm benannte mathematische Verfahren der Fourieranalyse ist das theoretische Fundament der Spektralanalyse.

Die grafische Darstellung des Ergebnisses einer solchen Analyse nennt man *Spektrum.*

Abbildung 7a zeigt schematisch ein sogenanntes Linienspektrum, das für periodische Signale typisch ist. Auf der horizontalen Koordinate ist die Frequenz als ganzzahliges Vielfaches der Grundfrequenz f_0 aufgetragen. Die vertikale Koordinate gibt die Amplitudengröße der *Teilschwingungen,* d. h. der Obertöne wieder (vgl. auch *Abb. 7b*).

In *Abbildung 7c/d* sind die unterschiedlichen Spektren des Kammertones A für Geige und Waldhorn wiedergegeben. Aufgrund der unterschiedlichen spektralen Struktur ist ein geübter Musikhörer in der Lage, die verschiedenen Klänge instrumentenabhängig zu unterscheiden.

Daraus ergibt sich folgendes wichtige Ergebnis der musikalischen Akustik:

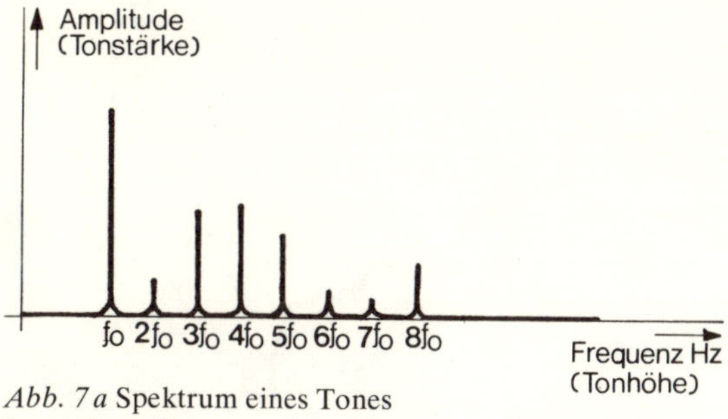

Abb. 7a Spektrum eines Tones
fo = Grundfrequenz; 2fo, 3fo usw. = Frequenz der Obertöne

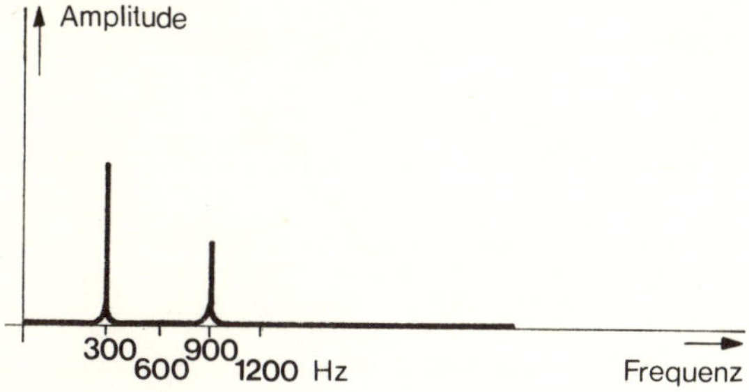

Abb. 7b Spektrum des Klangs f_3 in Abbildung 6b

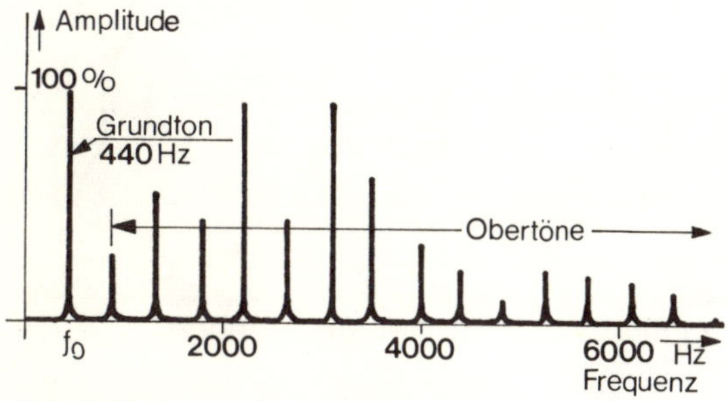

Abb. 7c Spektrum des Kammertons A auf der Geige (hoher Anteil an Obertönen)

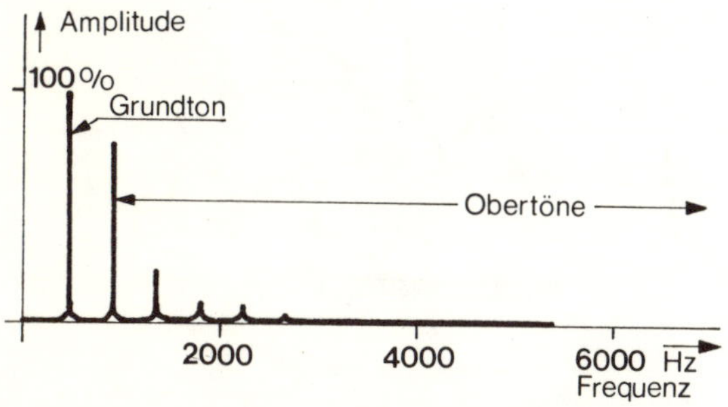

Abb. 7d Spektrum des Kammertons A auf einem Waldhorn (wesentlich weniger Obertöne als auf der Geige)

Töne und Klänge beruhen auf periodischen Schwingungen, wobei für die Tonhöhenwahrnehmung in erster Linie die Periodizität verantwortlich ist. Während Töne sinusförmige Schwingungen darstellen, weisen Klänge kompliziertere Schwingungsstrukturen auf, die durch unterschiedliche Spektren charakterisiert werden können.

Neben den hier beispielhaft vorgeführten klangvollen Instrumenten gibt es eine Gruppe von Musikinstrumenten, die einen andersartigen Gehöreindruck vermitteln. Der Trommelwirbel einer kleinen Trommel erzeugt ein geräuschartiges Schallereignis, dessen subjektive Empfindung sich in einem Schwingungsverlauf widerspiegelt, den man als ungeordnet, willkürlich oder regellos bezeichnen kann. Zu diesem Typ von Instrumenten zählen auch das Tamburin, das Becken und die in der Unterhaltungsmusik häufig verwendeten Rasseln. Im Spektrum ist ein Geräusch dadurch charakterisiert (vgl. *Abb. 8*), daß extrem viele Sinusschwingungen sehr dicht beieinander liegen. Diese Art von Spektren nennt man auch *kontinuierliche Spektren,* im Gegensatz zu den *Linienspektren.*

Warum Musikinstrumente klingen

Wir haben festgestellt, daß die musikalischen Schallereignisse aus *Tönen, Klängen* und *Geräuschen* bestehen. Als nächstes wollen wir nun die Frage beantworten, wie solche Schallereignisse von den Musikinstrumenten erzeugt werden.

Abbildung 9 zeigt ein einfaches Modell eines Musikinstrumentes, ein Klavier, bestehend aus einem *Tongenerator,* einem *schwingenden System,* das durch den Generator zum Schwingen angeregt wird, und einem *Resonanzkörper,* der die Schwingungen verstärkt. Hammer und Saiten bilden zusammen den Tongenerator und das schwingende System, der Resonanzboden bildet den Resonanzkörper. Bei der Violine stellt der Geigenbogen zusammen mit den elastisch schwingenden Saiten den Generator dar. Das schwingende System setzt sich aus den vier Saiten und dem Steg zusammen. Der Resonanzkörper wird vom Holzkasten und der darin eingeschlossenen Luft gebildet. Bei der Posaune stellen die schwingenden Lippen des Posaunisten zusammen mit dem Mundstück der Posaune den Tongenerator dar. Das vom Metallrohr eingeschlossene Luftvolumen ist das eigentliche schwingende System, während der Schalltrichter für die verstärkende Abstrahlung des Klanges sorgt.

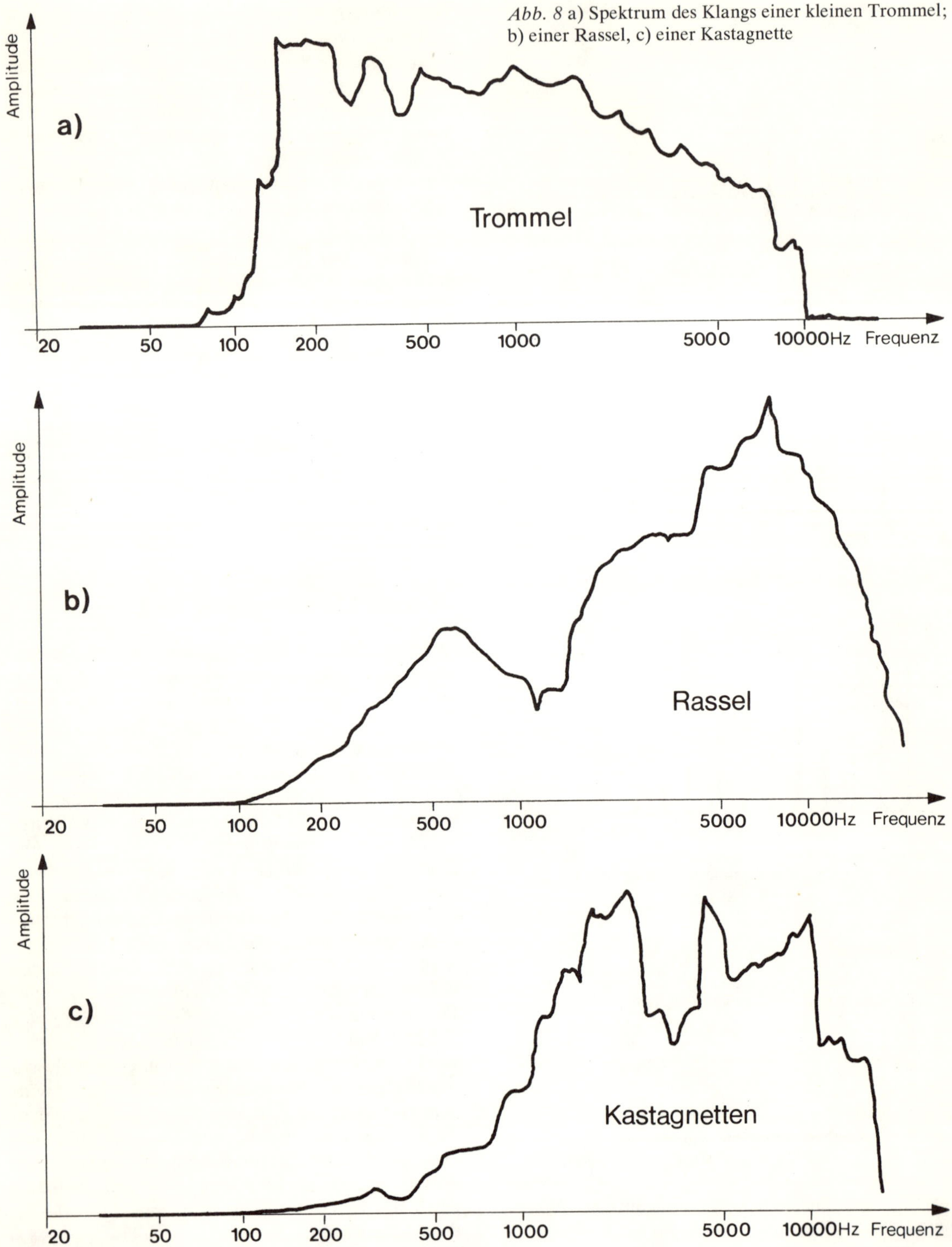

Abb. 8 a) Spektrum des Klangs einer kleinen Trommel; b) einer Rassel, c) einer Kastagnette

Abb. 9 Das Klavier als Musikinstrument

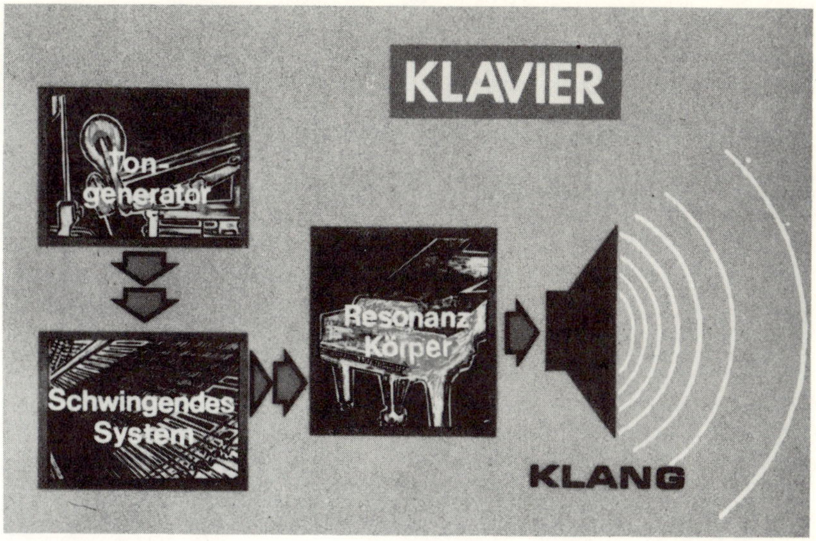

Nehmen wir als weiteres Beispiel eine schwingende Saite. Sie kann, je nachdem wie sie angeschlagen wird, recht unterschiedliche Schwingungsformen annehmen (*Abb. 10*). Die Saite wird zunächst eingespannt, dann lassen wir sie schwingen. In der Mitte entsteht ein dicker *Schwingungsbauch,* während rechts und links, wo sie befestigt ist, Ruhe herrscht. Dort befinden sich *Schwingungsknoten,* wie der Fachausdruck lautet (vgl. *Abb. 10b*). Durch geschickte Auslenkung können wir auch eine ganz andere Schwingung erreichen (*Abb. 10c*); diese hat zwei Bäuche, die durch einen zusätzlichen Knoten in der Mitte getrennt sind. Man nennt diese Schwingung die erste *Oberschwingung* der Saite. Die zweite Oberschwingung zeichnet sich dadurch aus, daß drei Schwingungsbäuche und insgesamt vier Knoten entstehen. *Abbildung 10a* zeigt schließlich die Grundschwingung, die erste Oberschwingung und die zweite Oberschwingung übereinander gezeichnet.
Wir stellen fest:
Durch unterschiedliche Art der Auslenkung kann eine Saite zu unterschiedlichen Schwingungsformen angeregt werden.

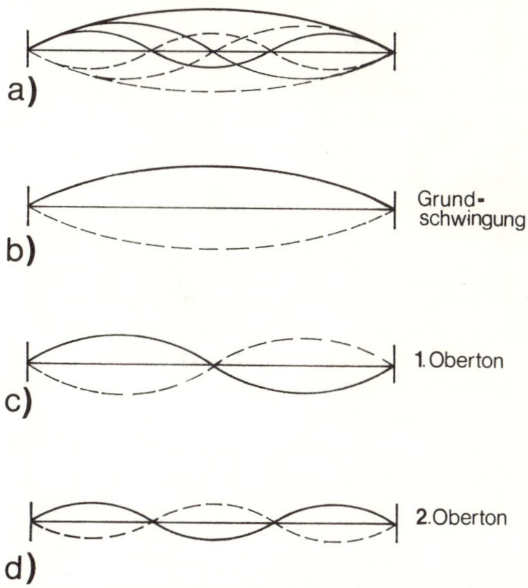

Abb. 10 Schwingungszustände einer Saite; a) ist gleich die Summe aus b) bis d)

Die Obertöne bei Blasinstrumenten

Daß die beschriebenen Verhältnisse nicht nur für Saiten, sondern prinzipiell für alle schwingenden Systeme gelten – also etwa auch für schwingende Luftsäulen –, läßt sich mit Hilfe des in *Abbildung 11* dargestellten und als Kinderspielzeug bekannten Plastikrohres gut demonstrieren. Wenn man dieses Plastikrohr zunächst mit sehr langsamer Geschwindigkeit herumwirbelt und die Geschwindigkeit kontinuierlich steigert, so hören wir plötzlich einen Klang, den man durch Konstanthalten der Geschwindigkeit beibehalten kann.
Wie kommt dieser Klang zustande? Von einer ange-

Abb. 11 Heulschlauch

blasenen Flöte wissen wir, daß ein Luftstrom, gegen das Rohrende geblasen, die darin eingeschlossene Luftsäule zum Schwingen bringt. Im Falle unseres Plastikrohres bleibt die Luft in Ruhe, und das Rohrende wird gegen die Luft bewegt. Der Effekt ist derselbe wie bei der Flöte. Erhöhen wir nun die Geschwindigkeit, so hören wir plötzlich einen Klang, der höher als der vorhergehende ist. Was ist geschehen? Die erhöhte Geschwindigkeit bewirkt eine Veränderung der Bewegung des Rohres gegen die Luft, was einer unterschiedlichen *Anblascharakteristik* entspricht. Bei der Saite entspricht dieser unterschiedlichen Anblascharakteristik die „geschickte Auslenkung" der Saite, wie wir es genannt haben.
Erhöhen wir die Geschwindigkeit nun noch stärker, so kann man durch Herumwirbeln des Rohres mit der Hand im Extremfall bis zu sieben verschiedene Oberschwingungen des Rohres erzeugen. Damit steht fest, daß auch schwingende Luftsäulen Oberschwingungen oder sogenannte Obertöne ausbilden können. Bei *Fanfaren* z. B. kann der Spieler nur deshalb verschiedene Klänge erzeugen, weil das eingeschlossene Luftvolumen die Fähigkeit besitzt, Obertöne auszubilden. Der Spieler hat darum auch nur die Möglichkeit, durch unterschiedlichen Lippendruck den Klang zu verändern, da dieses Instrument keine Ventile besitzt. Er ist allerdings dadurch auf diese Obertöne festgelegt und kann außer ihnen keine anderen Klänge produzieren.
Wählen wir für den Versuch mit dem Plastikschlauch

Abb. 12 Kirchenorgel

Schläuche verschiedener Länge, so läßt sich damit der *Grundton* verändern. Auch dies hat seine Entsprechung bei den Blasinstrumenten, bei denen durch Verkleinern und Vergrößern des Hohlraumes der Grundton ebenfalls verändert wird.
Bei einer Kirchenorgel sind für die verschiedenen Grundtöne Pfeifen verschiedener Länge vorhanden (*Abb. 12*).
Bei *Blasinstrumenten* erreicht man dies in der Regel durch Öffnen und Schließen von Löchern (*Abb. 13 a*), bei der Posaune durch Verschieben eines Rohrzuges (*Abb. 13 b*). *Ventilinstrumente* verändern ihre Grundschwingung durch Abschalten oder Hinzuschalten eines weiteren Hohlraumes.

Der mathematische Zusammenhang von Tönen und Frequenzen

Bei dem rotierenden Plastikinstrument kann man hören, daß die verschiedenen erzeugten Obertöne untereinander in einem geordneten Zusammenhang

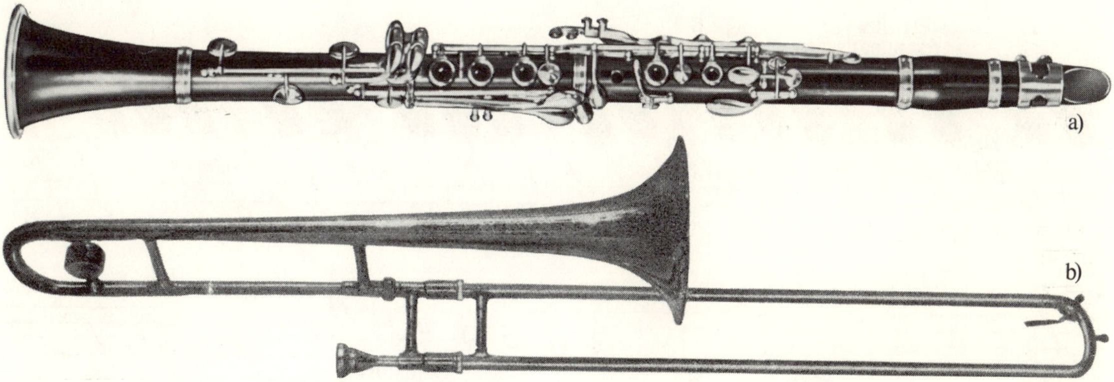

Abb. 13 Blasinstrumente, a) Klarinette, b) Zugposaune

stehen. Dieser geordnete Zusammenhang läßt sich mathematisch genau angeben. Dies soll jetzt zunächst am Klavier demonstriert werden (*Abb. 14*). Wenn wir am Klavier die Töne c^1 und c^2 anschlagen, so wird der geübte Musikhörer sofort feststellen, daß sich diese beiden Töne wahrnehmungsmäßig im Verhältnis einer *Oktave* zueinander befinden. Und wenn wir eine *Lochsirene* (eine mit Löchern versehene rotierende Scheibe, die durch eine Düse mit Luft angeblasen wird; *Abb. 15*) mit zwei Lochreihen derart versehen, daß die eine Reihe genau doppelt so viele Löcher besitzt wie die andere, so erklingt beim Anblasen dieser Lochreihen ebenfalls genau eine Oktave. Man kann dieses Experiment mit verschiedenen Scheibengeschwindigkeiten wiederholen; man wird immer wieder Oktaven hören. Mathematisch ausgedrückt bedeutet dies, daß zwei Töne, die eine Oktave bilden, frequenzmäßig im Verhältnis 1:2 stehen; oder anders formuliert: *die Verdopplung der Frequenz ergibt genau eine Oktave.* Dies folgt aus der Tatsache, daß beim äußeren Lochkranz doppelt so viele Löcher pro Zeiteinheit angeblasen werden als beim inneren.

Vor rund zweieinhalb Tausend Jahren entdeckte *Pythagoras* die Zusammenhänge zwischen den Teilungsverhältnissen einer Saite und den daraus resultierenden *Intervallen.* Unter Intervall versteht man das Verhältnis zweier Töne zueinander. Der geübte Musikhörer kann ohne Kenntnis der Frequenzverhältnisse das von zwei Tönen gebildete Intervall direkt angeben (zum Notensystem vgl. auch *Abb. 16a* und *b*).

Wie aber kommt man von den Einzeltönen zum Tonsystem, zur Tonleiter? Dieser Frage ist der folgende Abschnitt gewidmet. Dabei ist leider nicht ohne Mathematik auszukommen, wie ganz allgemein die nüchterne Mathematik in der gefühlsbetonten Musiksphäre eine erstaunliche Rolle spielte und besonders heute in der modernen Musik wieder spielt. *Abbildung 17a* zeigt schematisch ein *Vielfachmonochord,* an dem wir uns die wichtigsten Erkenntnisse des Pythagoras über Intervalle klarmachen wollen. Die einzelnen Saiten haben gleiche Länge, sind aber durch Stege verschieden unterteilt, und zwar folgendermaßen: zuerst die volle Saite, dann die Hälfte,

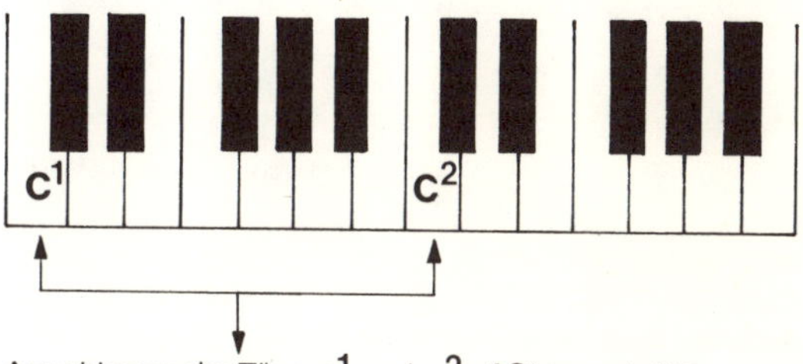

Abb. 14 Tastatur des Klaviers

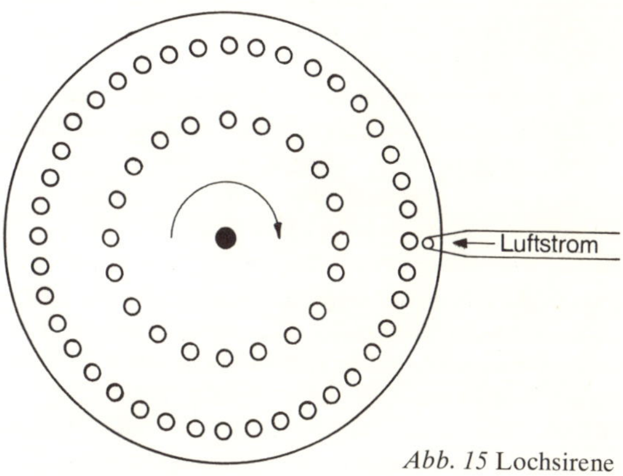

Abb. 15 Lochsirene

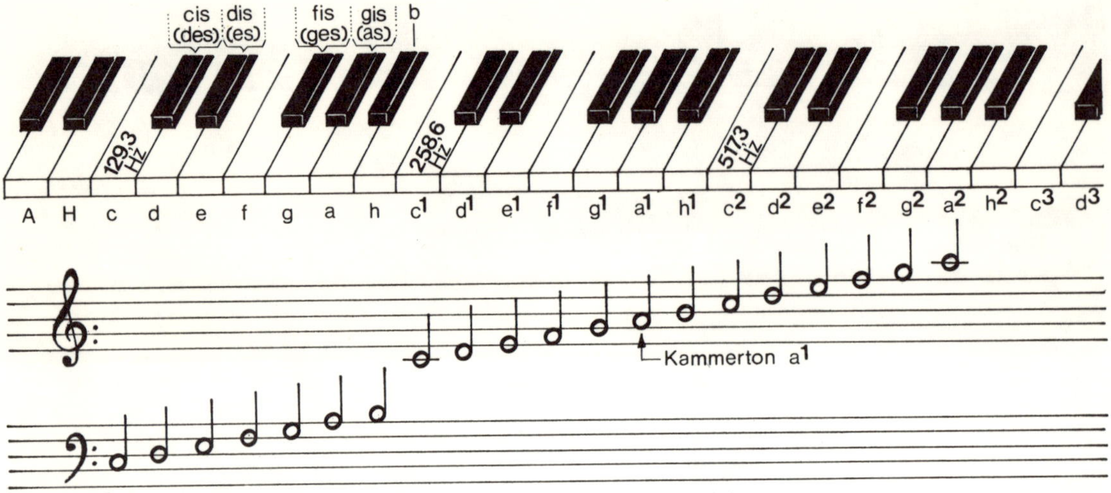

Abb. 16a Tastatur eines Klaviers (wohltemperiert) und zugehörige Tonbezeichnungen

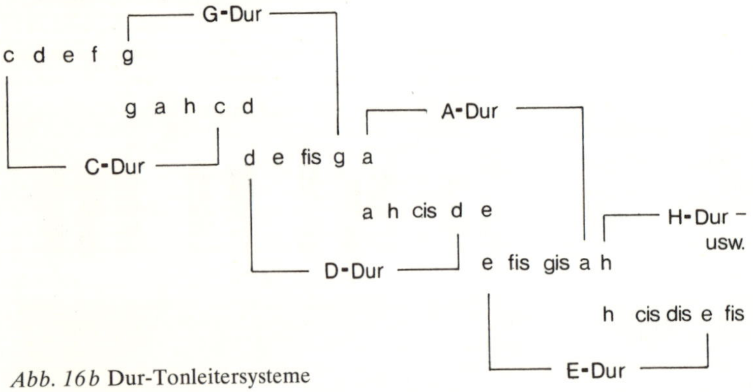

Abb. 16b Dur-Tonleitersysteme

dann ein Drittel, ein Viertel usw. Die durch die verschiedenen Saiten erzeugten Töne bilden, ähnlich wie im Beispiel unseres Plastikrohres, eine *Obertonreihe*.

Wir stellen fest: je kürzer die Saite, desto höher der Ton. Da einer steigenden Tonhöhe eine steigende Frequenz entspricht, können wir auch sagen: je kleiner die Saitenlänge, desto größer die Frequenz, wobei eine halbe Saite mit der doppelten Frequenz der ganzen Saite schwingt. Angenommen, die Frequenz der Grundschwingung sei f_0, so sind die Oberschwingungen durch $2f_0$, $3f_0$, usw. charakterisiert. Allgemein: die n-te Oberschwingung, entsprechend einer Saitenlänge $1/n$, hat die Frequenz $n \cdot f_0$.

Wenn wir die Töne mit den uns bekannten Notennamen bezeichnen und als Grundschwingung beispielsweise das C nehmen, dann liegen die nächsten Obertöne bei c, g, c^1, e^1, g^1 . . . (vgl. Tastatur in *Abb. 16a*). Die übliche Notation haben wir in dem Notensystem zusammengefaßt. Dabei ist allerdings zu beachten, daß aus Gründen, die noch erläutert werden, die einzelnen Zeichen der Notation nicht genau die heutige Bedeutung haben. Dies ist durch einen Stern symbolisiert.

Jeder Oberton, der einem gewählten Grundton überlagert ist, kann natürlich bei einer entsprechenden Saite zum Grundton werden, auf dem sich dann wieder eine Obertonreihe aufbaut. Ist z. B. g der Grundton, dann lautet die Obertonreihe g^1, d^2, g^2, h^2 usw.

Wie kommt man nun zur *Tonleiter?* Betrachten wir dazu aus methodischen Gründen die unteren Saitenabschnitte unseres Monochords und gehen wir

Abb. 17a
Monochordexperiment
(Töne und mathematische
Beziehungen)

dabei vom Grundton C^1 aus (*Abb. 17*). Die erste und zweite Saite wird zum Klingen gebracht. Wir stellen dabei fest, daß der zweite Ton höher ist als der von der ersten Saite erzeugte. Trotzdem empfinden wir die beiden Töne irgendwie identisch; nur die *Tonhöhe* unterscheidet sie.

In der Musik nennt man nun den Höhenunterschied zwischen zwei Tönen ein *Intervall.* Das Intervall zwischen zwei Tönen, von denen der eine doppelt so hoch ist wie der andere, nennt man *Oktave.* Dieses Intervall zeichnet sich dadurch aus, daß wir die beiden dieses Intervall bildenden Töne als dieselben empfinden, nur in unterschiedlicher Tonlage; dies kommt durch die gleichen Namen C und c oder c^1 und c^2 zum Ausdruck. Nehmen wir nun die erste und dritte Saite, so ist festzustellen, daß es sich hier um ein kleineres Intervall als die Oktave handelt. Man nennt es *Quinte.* Die Saitenlänge beträgt $^2/_3$ und entsprechend ist das Frequenzverhältnis von Grundton zu Quinte 3:2. Die nächsten Intervalle sind *Quart, große und kleine Terz* usw. Das Interessante dabei ist nun, wie schon Pythagoras feststellte, folgendes: *Alle Intervalle, deren Frequenzen im Verhältnis kleiner ganzer Zahlen unterhalb 7 stehen, empfinden wir als besonders angenehm. Diese Intervalle nennt man Konsonanzen.*

Nehmen wir einmal an, es solle die über einem Ton von 400 Hz liegende Quart frequenzmäßig berechnet werden, so ergibt sich:

$400 \cdot \frac{4}{3} = 533\frac{1}{3}$ (Hz).

Für die darunter liegende Oktave würden wir erhalten:

$400 \cdot \frac{1}{2} = 200$ (Hz).

Man könnte auf diese Weise zu einer Tonleiter kommen, die unserer Tonleiter sehr ähnlich scheint. Dabei ergibt sich allerdings eine fundamentale Schwierigkeit: man gelangt so nicht zu einem Tonsystem, welches einen Übergang von einer Tonart in eine andere ermöglicht. Wenn Sie der jetzt nötigen Mathematik nicht folgen können oder wollen, dann blättern Sie um auf die Seite 37. Dort finden Sie das abgeleitete Ergebnis.

Wenn wir von einem gegebenen Ton aus nur solche reinen Intervalle gleicher Art – etwa nur reine Oktaven – übereinander bauen, so läßt sich dies in Zahlen wie folgt schreiben:

1. Oktav	2. Oktav	3. Oktav . . .	n- te Oktav
$2^1 = 2$	$2^2 = 4$	$2^3 = 8$	2^n

Wir nehmen nun irgendein beliebiges anderes reines Intervall, das wir fortlaufend auf demselben Grundton aufbauen – z. B. die Quinte:

1. Quinte	2. Quinte
$(\frac{3}{2})^1 = 1{,}5$	$(\frac{3}{2})^2 = 2{,}25$

3. Quinte . . .	m- te Quinte
$(\frac{3}{2})^3 = 3{,}375$	$(\frac{3}{2})^m$

Wenn ein Übergang von einer Tonleiter in eine andere möglich sein soll, dann müßten immer Oktav

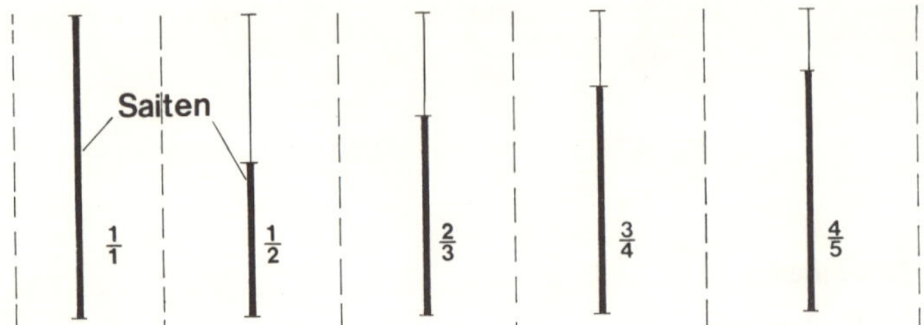

Intervall	Grundton	Oktav	Quint	Quart	große Terz
Saitenlänge	$\frac{1}{1}$	$\frac{1}{2}$	$\frac{2}{3}$	$\frac{3}{4}$	$\frac{4}{5}$
Frequenz	$\frac{1}{1}$	$\frac{2}{1}$	$\frac{3}{2}$	$\frac{4}{3}$	$\frac{5}{4}$
Notenname z.B.	*c^1	*c^2	*g^1	*f^1	*e^1

Abb. 17b Tonintervalle und Frequenzverhältnis

und Quinte zueinander passen. Es läßt sich aber zeigen, daß dies nicht der Fall ist, denn 2^n kann niemals $(\frac{3}{2})^m$ werden (n und m können stets nur ganze Zahlen sein, z. B. 1te, 2te, 3te Oktav).

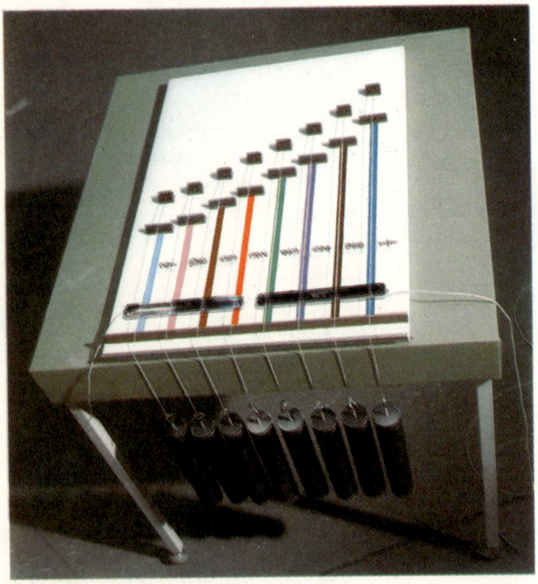

Abb. 18 wdr-Versuchsmonochord

Mathematisch schreibt man dieses Ergebnis folgendermaßen:

$$2^n \neq (\tfrac{3}{2})^m$$

$\neq$ ist das Zeichen für *ungleich*; man liest: 2^n ungleich $(\frac{3}{2})^m$. Um die Ungleichung zu beweisen, nehmen wir zunächst das Gegenteil an, das heißt, wir tun so, als ob eine Lösung möglich wäre. Wir setzen

$$2^n = (\tfrac{3}{2})^m$$

Mit $(\frac{3}{2})^m = \frac{3^m}{2^m}$ (Potenzgesetze!) wäre:

$2^n = \frac{3^m}{2^m}$ oder umgesetzt durch Multiplikation mit 2^m

$$2^n \cdot 2^m = \frac{3^m \cdot 2^m}{2^m}$$

Daraus ergäbe sich

$$2^n \cdot 2^m = 3^m$$

Mit $2^n \cdot 2^m = 2^{n+m}$ (Potenzgesetze!) erhielte man

$$2^{n+m} = 3^m$$

Es läßt sich nun aber beweisen, daß, wenn *n* und *m* ganze Zahlen sind, niemals 2^{n+m} gleich 3^m werden kann, also mathematisch ausgedrückt:

$$2^{n+m} = 3^m$$

Probieren Sie es bitte selbst einmal, indem Sie Ziffern einsetzen!

Beispiel: Wenn angenommen $n = 1$ und $m = 2$ ist, erhält man:

$2^{1+2} \neq 3^2$ also $8 \neq 9$

Versuchen Sie es bitte mit anderen Kombinationen. Um Ihr Ergebnis vorwegzunehmen. Es gibt keine Kombinationen von *n* und *m,* bei denen der Wert von 2^{n+m} dem Wert von 3^m entsprechen kann. Aus dieser Ungleichung folgt, daß es niemals gelingt, nach mehrmaligem Durchschreiten eines reinen Intervalls irgendeinen Frequenzwert zu erreichen, den man durch mehrmaliges Durchschreiten eines anderen reinen Intervalls auch erreichen kann. Diese Schwierigkeit macht es unmöglich, in einem auf reinen Intervallen aufgebauten Tonsystem beliebig von einer Tonart in eine andere zu wechseln.

Wir wollen dies noch auf eine andere Weise erläutern. Dazu gehen wir von einem *Dur-Dreiklang* aus, der aus dem *Grundton,* der *großen Terz* und der *Quinte* besteht, beispielsweise also:

c	**e**	**g**
1	$\frac{5}{4}$	$\frac{3}{2}$

Fügen wir nun oben und unten jeweils zwei weitere Töne hinzu, so daß diese mit ihren Nachbartönen wieder einen Dreiklang bilden, so erhalten wir:

F	**A**	**c**	**e**	**g**	**h**	**d¹**
$1 \cdot \frac{2}{3} = \frac{2}{3}$	$\frac{2}{3} \cdot \frac{5}{4} = \frac{5}{6}$	1	$\frac{5}{4}$	$\frac{3}{2}$	$\frac{3}{2} \cdot \frac{5}{4} = \frac{15}{8}$	$\frac{3}{2} \cdot \frac{3}{2} = \frac{9}{4}$

Übertragen wir nun alle Töne unterhalb 1 und oberhalb 2 in den Oktavbereich zwischen 1 und 2, so erhalten wir, wenn wir noch die Oktave des Grundtones hinzufügen, die sogenannte *natürliche diatonische Tonleiter,* in der alle Töne bis auf die *Sekunde* und die *Septime* Konsonanzen bilden (*Abb. 19a*).

Bilden wir nach dem gleichen Prinzip statt auf dem Grundton c nun etwa auf dem Grundton d die Durtonleiter (*Abb. 19b*), so zeigt sich folgendes Dilemma: Das Intervall d–e hat in C-Dur das Schwingungsverhältnis $^{10}/_{9}$, während d–e in D-Dur das Verhältnis $^{9}/_{8}$ hat. Entsprechendes läßt sich für die Intervalle g–a und a–h feststellen.

Dieses Problem, das bis zur Zeit Johann Sebastian Bachs nicht gelöst werden konnte, machte sich in der Musikpraxis dadurch bemerkbar, daß ein mehrstimmiges Musizieren nur im Umkreis einer Tonart möglich war, d. h. musikalisch gesprochen: Modulationen beliebiger Art von einer Tonart in eine andere waren nicht möglich, da sich sonst die oben berechneten Unterschiede in der Wahrnehmung durch Unsauberkeiten in der Intonation bemerkbar machten.

Die „wohltemperierte" Stimmung

Während Jahrhunderten hat man nach Lösungsmöglichkeiten gesucht. Berühmte Naturforscher und Mathematiker wie Johannes Kepler (1571 bis 1630)

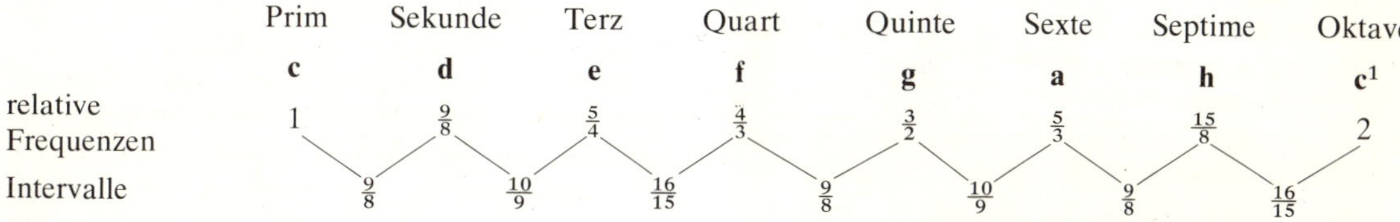

Abb. 19a Natürliche diatonische Tonleiter C-Dur

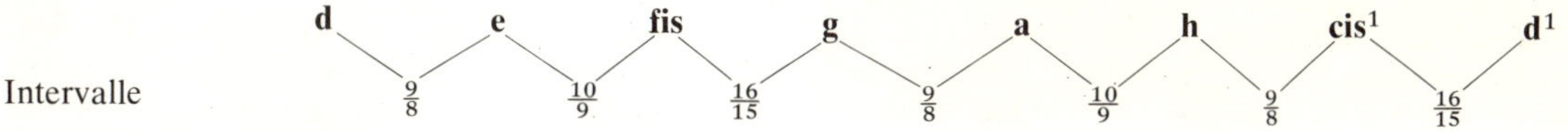

Abb. 19b Durtonleiter d-Dur

Tabelle 1 Abweichung der temperierten von der reinen Stimmung am Beispiel der Oktav c^1 bis c^2

	Reine relative Frequenz bezogen auf den Ton c^1	Temperierte relative Frequenz bezogen auf den Ton c^1	Reine absolute Frequenzzahlen* (Schwingung pro sec	Temperierte absolute Frequenzzahlen* Schwingung pro sec	Abweichung temperierte von reinen Intervallen in (Hz)
c^1	$\frac{1}{1} = 1{,}000$	1,000	259 Hz	259 Hz	0
d^1	$\frac{9}{8} = 1{,}125$	1,1225	292 Hz	291 Hz	1 Hz
e^1	$\frac{5}{4} = 1{,}250$	1,2599	324 Hz	326 Hz	2 Hz
f^1	$\frac{4}{3} = 1{,}33\overline{3}$	1,3348	345 Hz	345,5 Hz	0,5 Hz
g^1	$\frac{3}{2} = 1{,}5$	1,4983	389 Hz	388 Hz	1 Hz
a^1	$\frac{5}{3} = 1{,}66\overline{6}$	1,6818	432 Hz	435 Hz	3 Hz
h^1	$\frac{15}{8} = 1{,}875$	1,8877	485 Hz	486 Hz	1 Hz
c^2	$\frac{2}{1} = 2{,}000$	2,000	518 Hz	518 Hz	0 Hz

* Aufgerundete Werte

und Leonhard Euler (1707 bis 1783) haben Systeme entwickelt, die das Dilemma lösen sollten. Im Laufe der Zeit hat sich jedoch der Kompromiß durchgesetzt, den der Orgelbauer und Organist Andreas Werckmeister 1691 vorschlug. Die Autorität eines Johann Sebastian Bach hat dazu entscheidend beigetragen. Er war über die neue Stimmung so begeistert, daß er auf dieser Basis sein Werk „Das wohltemperierte Klavier“ schuf, in dem Präludien und Fugen in allen überhaupt möglichen Dur- und Moll-Tonarten erfunden sind. Im Gegensatz zur reinen Stimmung, die auf den natürlichen Intervallen aufbaut, spricht man bei der Werckmeisterschen Stimmung von der „wohltemperierten“ oder gleichschwebend temperierten Stimmung. Die reine Oktav wird dazu in 12 gleiche Tonschritte eingeteilt.

Das bedeutet, daß nur ein absolut reines Intervall vorkommt, nämlich die Oktav, hingegen alle anderen mehr oder weniger unrein sind. Sie weichen von den reinen Frequenzverhältnissen ab. Allerdings ist die Abweichung nur unwesentlich, so daß sie meist nur geschulten Ohren auffällt (vgl. dazu *Tabelle 1*).

„Künstliche“ Musik

Wir haben bisher schon mehrmals von der Möglichkeit Gebrauch gemacht, akustische Signale in elektrische umzuwandeln. Durch die Umkehrung dieser Methode ist man heute nicht mehr nur auf „natürliche“ Schwingungsformen von Saiten, Luftsäulen oder Klangkörpern angewiesen, wenn man Musik machen will. Die Elektronik erlaubt es, beliebig komplexe elektrische Schwingungen zu erzeugen, die dann durch Lautsprecher in akustische Schallereignisse umgesetzt werden können.

Es gibt inzwischen komplizierte elektronische Instrumente mit verblüffenden Fähigkeiten. Sie sind in der Lage, fast jedes Orchesterinstrument zu imitieren. Aber damit sind die Möglichkeiten elektronischer Musikinstrumente keineswegs erschöpft. Vielmehr gelingt es auf diese Weise, völlig neue Klangkombinationen zu erzeugen, die für natürliche Musikinstrumente unerreichbar sind. Von dieser Möglichkeit wird beispielsweise in der Unterhaltungsmusik, in der Beatmusik und in der elektronischen Musik weitgehend Gebrauch gemacht.

Wie funktioniert ein elektronisches Musikinstrument?

Bei jedem Musikinstrument – gleichgültig ob es sich dabei um ein herkömmliches oder ein elektronisches handelt — lassen sich verschiedene Funktionsteile unterscheiden, die ganz bestimmte, unterschiedliche Aufgaben zu erfüllen haben; zunächst können wir zwei Grundelemente unterscheiden, den *Schwingungsgenerator,* durch den die Tonhöhe (*Frequenz*) und die Schwankungen um einen bestimmten Sollwert *(Vibrato)* festgelegt werden, und den *„Artikulator",* der die Klangfarbe (*Spektrum*) durch die Wahl des Obertonaufbaus mittels *Filter* oder Register bestimmt; durch beide werden ferner die Art der *Ein-* und *Ausschwingvorgänge* beeinflußt.
Die beiden Grundelemente, *Generator* und *Artikulator,* werden durch *Spielhilfen* wie Tasten, Wippen usw. gesteuert, mit denen sich verschiedene Tonhöhen und Klangfarben erzeugen lassen (*Abb. 20*). Die

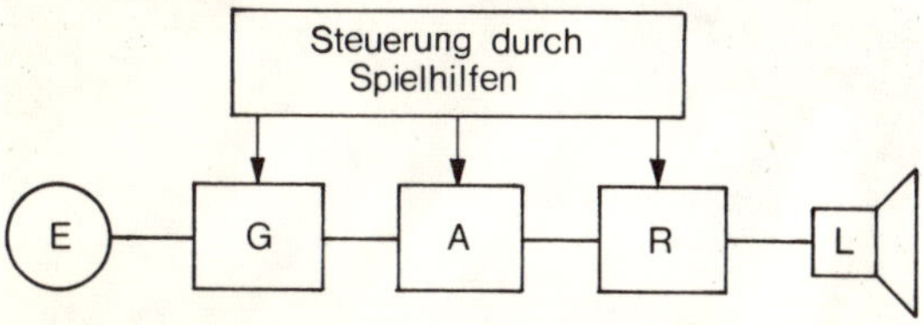

Abb. 20 Funktionsmodell eines elektronischen Musikinstrumentes
E = Energiequelle; G = Schwingungsgenerator;
A = Artikulator; R = Lautstärkeregler; L = Lautsprecher

Energie, die zum Betrieb der einzelnen Funktionen erforderlich ist, wird entweder durch den Menschen geliefert – bei den herkömmlichen Instrumenten etwa durch Anschlagen, Streichen oder Blasen – oder bei den elektronischen Instrumenten durch eine elektrische Stromquelle.
Das letzte Glied in der Kette der Musikerzeugung ist die *Schallabstrahlung.* Sie wird beispielsweise durch die Resonanzböden bei den Streichinstrumenten, durch die trichterförmigen Gebilde bei den Blasinstrumenten oder durch die Lautsprecher oder Kopfhörer bei den elektronischen Instrumenten erreicht. Die Schallabstrahlung wird durch einen *Lautstärkeregler* in ihrer *Intensität* gesteuert, etwa durch den Bogendruck bei den Streichern oder durch elektrische Verstärker.
Aus dieser Beschreibung von Musikinstrumenten wird ersichtlich, daß das wesentliche Charakteristikum der elektronischen gegenüber den herkömmlichen Instrumenten darin besteht, daß nicht mechanische Schwingungen unmittelbar in akustische Schwingungen, d. h. in Schall umgeformt werden. Vielmehr werden zunächst elektrische Schwingungen erzeugt, die verschiedenen elektronischen Beeinflussungen unterworfen werden. Erst dann werden sie über einen Verstärker einem Lautsprecher zugeführt.

Die „elektronische" Tonerzeugung

Wenden wir uns zunächst den verschiedenen Arten der Schwingungserzeugung zu. Man kann die elektronischen Musikinstrumente je nach der Art der Tonerzeugung in drei Gruppen einteilen:

1. *Elektroakustische Musikinstrumente*
   Hierzu gehören alle herkömmlichen Musikinstrumente, die in Verbindung mit einem Mikrofon oder Tonabnehmer und einer Verstärkeranlage betrieben werden, wie beispielsweise die Elektrogitarre (*Abb. 21*). Selbstverständlich ist auch hier eine elektrische Beeinflussung des Schalls durch entsprechende Manipulationen möglich.

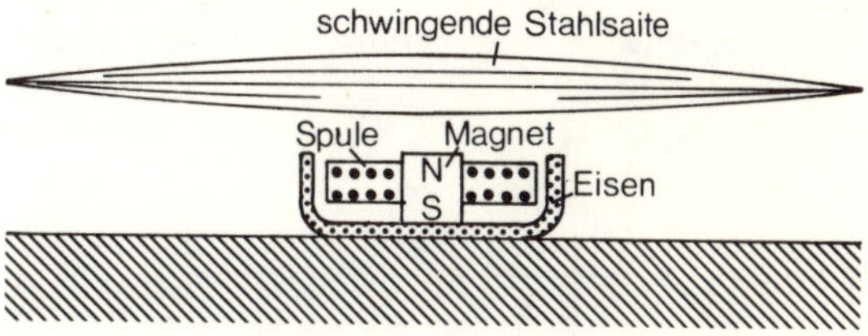

Abb. 21 Prinzip der induktiven Abtastung bei der Elektrogitarre. Die Stahlsaite bildet den magnetischen Rückschluß. Die Veränderung des Abstandes im Rhythmus der schwingenden Saite erzeugt ein schwankendes Magnetfeld, das in der Spule eine Spannung gleicher Frequenz (Tonfrequenz) induziert

2. *Mechanisch-elektronische Musikinstrumente*
   In diese Gruppe fallen alle elektronischen Musikinstrumente, die einen mechanischen Schwingungsgenerator besitzen, dessen Schwingungen unmittelbar in elektrische Schwingungen umgesetzt werden, ohne den Luft- oder Körperschall auszunutzen.
3. *Rein elektronische Musikinstrumente*
   Hierher gehören alle Musikinstrumente, die aus-

schließlich mit elektronischen Mitteln wie Transistoren, Spulen, Kondensatoren, Widerständen, über Schwingkreise oder Multivibratoren usw. elektrische Schwingungen erzeugen.

Die Umwandlung mechanischer Schwingungen in elektrische

Im folgenden gehen wir zunächst auf die Tonerzeugung der *mechanisch-elektronischen Musikinstrumente* näher ein. Dabei kann man zwischen einer *induktiven* und einer *kapazitiven Umwandlung* der mechanischen in elektrische Schwingungen unterscheiden.
Die *induktive Kopplung* beruht auf folgendem Prinzip: Aus der Physik ist bekannt, daß Eisenteile die Feldlinien von Magneten beeinflussen. Ändert man die Lage eines Eisenteils im Magnetfeld, so ändert sich die Lage der magnetischen Feldlinien und damit das Feld selbst. Nun hat nach dem *Induktionsgesetz* jede Veränderung eines magnetischen Feldes zur Folge, daß in einem elektrischen Leiter, der sich in dem Magnetfeld befindet, ein elektrischer Strom erzeugt wird. Bei der Elektrogitarre schwingen die Saiten vor einem solchen induktiven Tonabnehmer (vgl. *Abb. 21*).
Dieses Prinzip macht man sich bei der folgenden Art eines Schwingungsgenerators zunutze (*Abb. 22*):

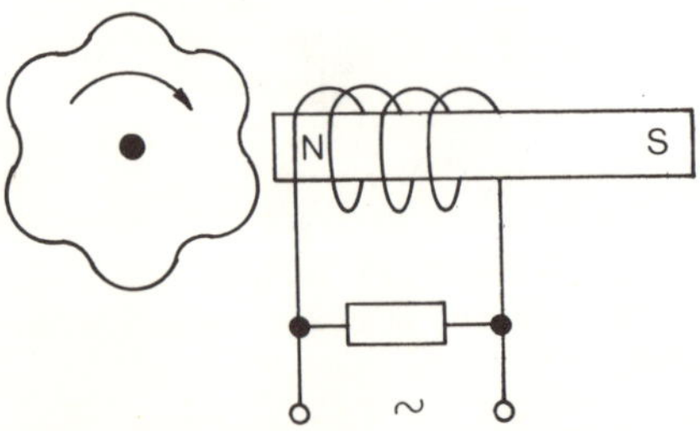

Abb. 22 Prinzip der Tonerzeugung bei der Hammondorgel. Die rotierende Stahlblechscheibe erzeugt ein rhythmisch wechselndes Magnetfeld. An der Spule wird eine Wechselspannung (Tonfrequenz) gleicher Frequenz abgegriffen

Vor einer Spule mit einem Magnetkern rotiert eine zahnradartige Scheibe; dadurch wird in der Spule ein Wechselstrom induziert. Die Schwingungsform dieses Wechselstroms hängt von dem Profil der Scheibe ab, so daß durch verschiedene Scheibenprofile verschiedene Klangfarben erzeugt werden können. Die Grundfrequenz des Klanges wird durch die Umlaufgeschwindigkeit und die Anzahl der Zähne bestimmt. Auf diesem sogenannten *Hammond-Prinzip* beruhen die Hammondorgeln. Dabei sitzen auf einer Achse, die von einem Synchronmotor mit absolut konstanter Umlaufgeschwindigkeit angetrieben wird, mehrere – bis zu 90 – Scheiben mit verschiedenen Scheibenprofilen, die die einzelnen Töne erzeugen. Durch Register lassen sich die Töne so mischen, daß eine Vielzahl von Klangfarben entsteht.
Ebenfalls auf induktiver Kopplung basiert das elektronische Piano von Hohner. Durch Tasten wird, ähnlich wie beim Klavier, eine Hammermechanik in Bewegung gesetzt, wodurch eine Tongabel angeschlagen wird, die einer stark unsymmetrischen Stimmgabel ähnelt. Die Schwingung dieser Tongabel wird an einem Schenkel induktiv abgetastet (*Abb. 23*).

Abb. 23 Elektronisches Piano (Hohner)

Im Prinzip gleich, obwohl im mechanischen Teil anders, funktioniert das Clavinet von Hohner (*Abb. 24*), bei dem Schwingungen von Saiten, ähnlich wie bei einer Elektrogitarre, durch magnetische Tonabnehmer in elektrische Schwingungen umgewandelt werden. *Abbildung 25* zeigt, wie die Umformung der mechanischen in elektrische Schwingungen von der Lage des Tonabnehmers zu den Schwingungsbäuchen und -knoten abhängt.
Als Beispiel für eine kapazitive Abtastung (*Abb. 26*) sei das Pianet von Hohner erwähnt. Das Clavinet wie das Pianet gehören in die Gruppe derjenigen elektronischen Musikinstrumente, die Zungen als

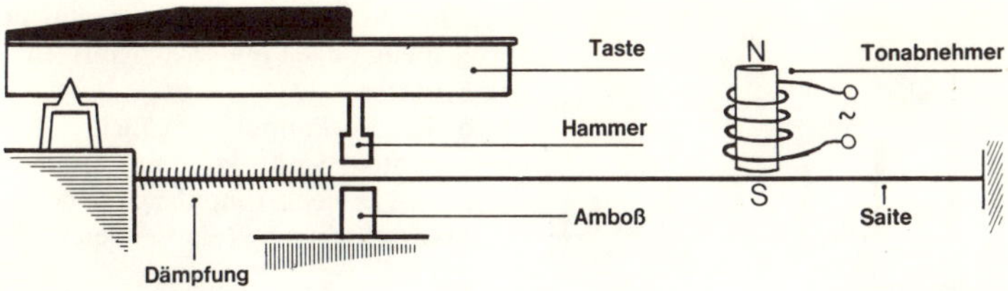

Abb. 24 Prinzipdarstellung des Clavinets von Hohner. Schwingende Stahlsaite erzeugt Tonfrequenz in der Spule

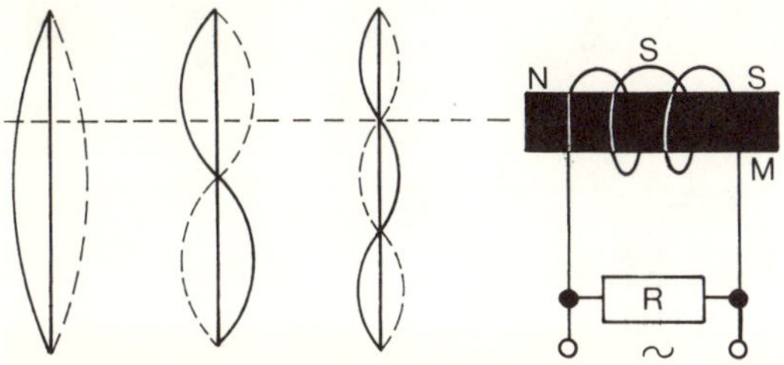

Abb. 25 Induktive Kopplung einer Saite
S = Spule, M = Magnet, R = Widerstand

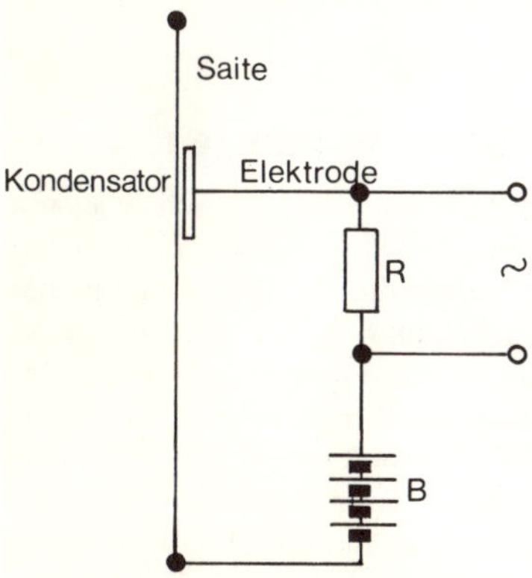

Abb. 26 Prinzip der kapazitiven Abtastung. Saite und Elektrode bilden einen Kondensator, dessen Kapazität sich entsprechend dem Abstand der schwingenden Saite verändert

mechanische Schwinger enthalten, die durch Tasten zu abklingenden Schwingungen angeregt werden. Das hintere Hebelende der Tasten liegt mit einem Dämpfer auf der Zunge und erteilt ihr eine gewisse Vorspannung. Durch Drücken der Taste wird die Zunge freigegeben und schwingt langsam aus (*Abb. 27*). Die Zungen bilden die eine Platte eines Kondensators, dessen andere Platte durch eine den Zungen gegenüberliegende Elektrode gebildet wird. Die Kapazität des Kondensators ändert sich im Rhythmus der Zungenschwingungen, so daß entsprechend diesen Kapazitätsänderungen elektrische Schwingungen erzeugt werden können.

Elektrische Schwingungserzeugung ohne Mechanik

Rein elektronische Musikinstrumente verwenden Tongeneratoren ohne mechanisch bewegte Teile. Tongeneratoren können obertonreich oder obertonarm sein. Ein Tongenerator, der keine Obertöne produziert, ist der uns schon bekannte Sinusgenerator, der eine reine *Sinusschwingung* liefert (*Abb. 28d*). *Abbildung 28a–c* zeigt Beispiele für obertonreiche Schwingungen mit den zugehörigen Spektren, die mit elektronischen Mitteln leicht zu erzeugen sind: a) ist eine *Rechteckkurve*, wie sie beispielsweise durch ein *Multivibrator* genanntes Gerät geliefert wird (ein Multivibrator ist praktisch ein automatischer Ein- und Ausschalter); sie enthält vorwiegend ungradzahlige Harmonische (Obertöne). b) zeigt

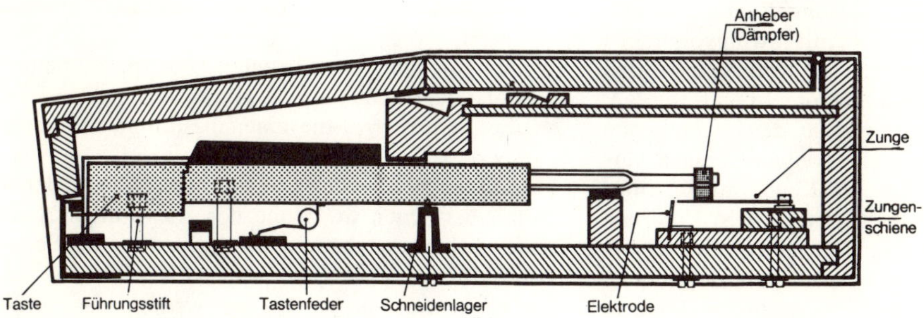

Abb. 27 Querschnitt des Pianets von Hohner

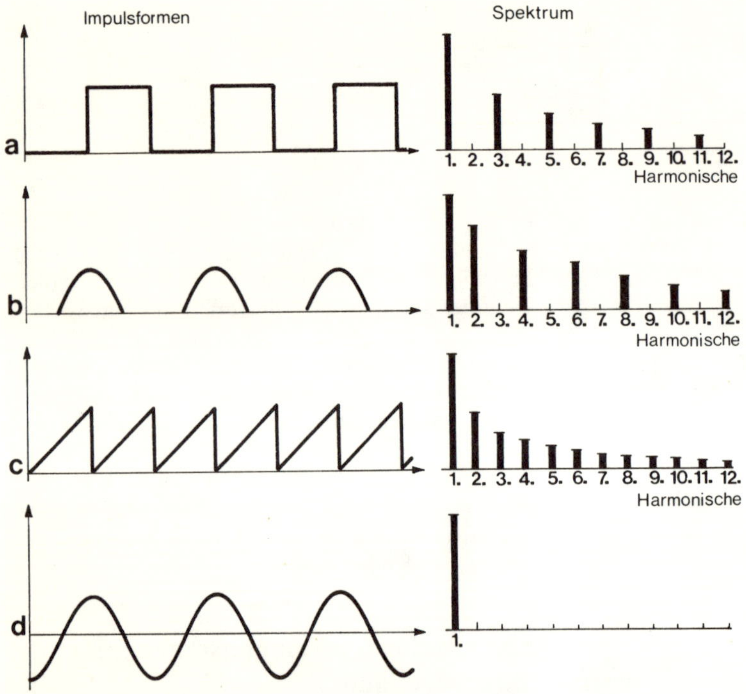

Abb. 28 Beispiele für obertonteiche Schwingungen mit dazugehörigen Spektren
a) Rechteckimpuls; b) gleichgerichtete Sinusspannung; c) Sägezahn-(Dreieck-)Impuls; d) reine Sinusschwingung (als Vergleich)

eine Kurve, die entsteht, wenn ein Sinusstrom über einen Einweggleichrichter geleitet wird; die Kurve enthält überwiegend gradzahlige Harmonische; c) ist eine *Sägezahnkurve,* die bei allen sogenannten *Kippschwingungen* entsteht; sie enthält alle Harmonischen.

Ein Klang schwingt ein und wieder aus

Neben den periodischen Schwingungen gehört aber zum eigentlichen Klang noch folgendes: Jeder Klang baut sich in irgendeiner Weise zuerst auf, um nach einer bestimmten *Einschwingzeit* in den *stationären Klang* überzugehen; entsprechend liegt am Ende eines Klanges ein *Ausschwingvorgang.* Es gibt Klänge, die nur aus Ein- und Ausschwingvorgängen bestehen. Dazu gehören z. B. alle Klänge, die durch Anschlagen oder Zupfen hervorgebracht werden. Wie wesentlich diese Vorgänge den eigentlichen Klang ausmachen, kann ein Tonbandversuch verdeutlichen: Eine Aufnahme von Klaviermusik in umgekehrter Richtung gespielt, erweckt den Eindruck von Orgelmusik. Der Orgelton baut sich langsam auf, aber sehr schnell ab; beim Klavier dagegen ist es genau umgekehrt. Solche Einschwingvorgänge lassen sich elektronisch ebenfalls realisieren.

Filter – Tore für Schwingungen

Elektrische Schwingungen, mechanisch wie rein elektronisch erzeugte, lassen sich durch *Filter* gezielt verändern. Durch Einschalten von Filtern kann man nahezu jeden gewünschten *Frequenzgang,* d. h. jedes Spektrum, verwirklichen. Filter bestehen aus bestimmten Zusammenschaltungen von Spulen, Kondensatoren und Widerständen. Auf die physikalischen Einzelheiten kann hier nicht eingegangen werden; wichtig ist jedoch in diesem Zusammenhang, daß man vier Typen unterscheiden kann:

1. den *Tiefpaß,* der tiefe Töne durchläßt und hohe sperrt,
2. den *Bandpaß,* der einen bestimmten mittleren Frequenzbereich durchläßt und alle anderen sperrt,
3. den *Hochpaß,* der alle tiefen Töne sperrt und nur hohe durchläßt,
4. die *Bandsperre,* die einen bestimmten Bereich sperrt.

Abbildung 29 zeigt den *Frequenzgang* verschiedener Filter, bei denen die Höhe der Kurve angibt, wie stark die entsprechenden Frequenzen eines Spektrums durchgelassen bzw. gesperrt werden.
Zusammenfassend kann gesagt werden, daß durch die verschiedenen Arten der Tonerzeugung ein-

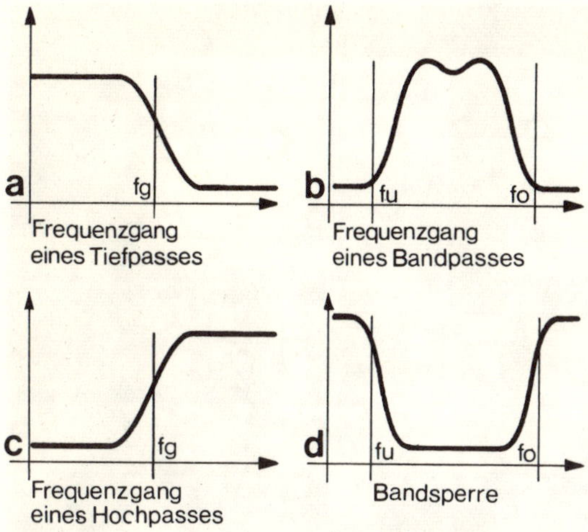

Abb. 29 a–d Frequenzgang verschiedener Filter

schließlich der möglichen Variationen der Ein- und Ausschwingvorgänge Klänge mit unterschiedlichen, komplizierten Spektren erzeugt und durch gezielte Filterung in weitem Maße verändert werden können. Auf diese Weise können sowohl die Klänge herkömmlicher Instrumente nachgeahmt als auch völlig neue Klangkombinationen gebildet werden.

Der Synthesizer – Klänge werden elektronisch zusammengesetzt

Ein Instrument, mit dem praktisch alle Klangformen erzeugt werden können, ist der sogenannte *Synthesizer.* Er ist heute zum wichtigsten Musikinstrument der „neuen Musik" geworden. Darüber hinaus dringt der Synthesizer immer mehr in die Unterhaltungsmusik, in den Jazz und vor allem in die Popmusik ein. Die Bezeichnung Synthesizer kommt von Synthese, das heißt zusammensetzen. Der Synthesizer ist also ein Gerät, mit dem Töne und Klänge, Tongemische und Geräusche, die man mit Oszillatoren (elektronische Schwingungserzeuger, vgl. 29 und 30) erzeugt und über Filter gestaltet, zu einem Gesamtklangbild zusammengesetzt werden. Die Möglichkeiten sind so vielfältig, daß einerseits fast alle klassischen Musikinstrumente nachgeahmt werden können, von der Orgel über Blasinstrumente, Streichinstrumente bis hin zum Klavier; andererseits vereinigt er die Funktionen aller elektronischen Musik-

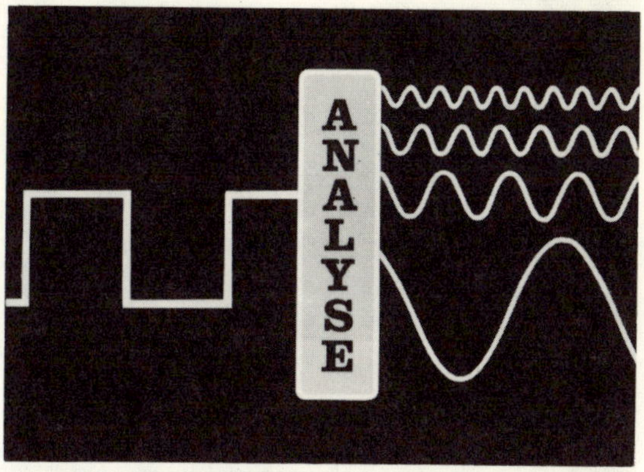

Abb. 30 Im Rechteckimpuls sind eine Vielzahl von Frequenzen enthalten, vor allem die ungeradzahligen harmonischen. Fügt man diese zusammen, entsteht ein Rechteckimpuls

instrumente. Darüber hinaus ist er in der Lage, völlig neue Strukturen zu gestalten, so wie sie in der modernen Musik gefordert werden. Und das alles auf kleinstem Raum. In einen Koffer läßt sich ein komplettes elektronisches Studio, wie es der Synthesizer darstellt, bequem unterbringen. Gesteuert wird der Synthesizer über eine Klaviatur, die in der Regel so aussieht wie die gewohnte Orgeltastatur (*Abb. 31*).

Abb. 31 Synthesizer

Übungsaufgaben

1. Ein Ton ist ein Schallereignis
   - ☐ **a)** das von Musikinstrumenten erzeugt wird
   - ☐ **b)** mit sinusförmigem Schwingungsverlauf
   - ☐ **c)** mit kompliziertem Spektrum

2. Die Tonhöhe eines Tones
   - ☐ **a)** ist proportional der Amplitude
   - ☐ **b)** steigt mit der Frequenz
   - ☐ **c)** wird bestimmt durch die Anzahl der Schwingungen pro Sekunde

3. Ein Klang unterscheidet sich von einem Ton durch
   - ☐ **a)** durch die Obertöne
   - ☐ **b)** durch die Periodizität der Schwingung
   - ☐ **c)** durch ein wesentlich komplizierteres Spektrum

4. Welches Spektrum haben Geräusche
   - ☐ **a)** ein Linienspektrum
   - ☐ **b)** ein kontinuierliches Spektrum
   - ☐ **c)** gar keins, weil sie nicht periodisch sind

5. Wenn die Frequenz einer Grundschwingung f = 1 Hz beträgt, dann lauten die Frequenzen der entsprechenden vollständigen Obertonreihe
   - ☐ **a)** 1 f, 2 f, 3 f, 4 f, . . .
   - ☐ **b)** 2f, 4f, 8f, 16f, . . .
   - ☐ **c)** $\frac{1}{2}$f, $\frac{1}{3}$f, $\frac{1}{4}$f, $\frac{1}{5}$f, . . .

6. Konsonanzen sind Intervalle zwischen Tönen
   - ☐ **a)** die gleichen Abstand haben
   - ☐ **b)** deren Frequenzen im Verhältnis kleiner ganzer Zahlen unterhalb 7 stehen
   - ☐ **c)** die wir als wohlklingend empfinden

7. Die natürliche diatonische Tonleiter ist eine Tonleiter
   - ☐ **a)** bei der alle Töne mit dem Grundton Konsonanzen bilden
   - ☐ **b)** die aus reinen Intervallen aufgebaut ist
   - ☐ **c)** in der keine Dissonanzen auftreten

8. Unter „wohltemperierter" Stimmung versteht man
   - ☐ **a)** die Stimmung eines Klaviers bei Zimmertemperatur
   - ☐ **b)** eine Komposition von J. S. Bach
   - ☐ **c)** eine Stimmung, die als reines Intervall nur die Oktave enthält

9. Die induktive Umwandlung mechanischer Schwingungen in elektrische basiert auf
   - ☐ **a)** dem Hammond-Prinzip
   - ☐ **b)** dem Induktionsgesetz
   - ☐ **c)** der Kapazitätsveränderung von Kondensatoren

10. Eine Bandsperre ist
    - ☐ **a)** ein Filter, der einen bestimmten, mittleren Frequenzbereich sperrt
    - ☐ **b)** ein Gerät zur Erzeugung von gleichgerichteten Strömen
    - ☐ **c)** eine zeitliche Begrenzung von Ein- und Ausschwingvorgängen

3. Gesprochene Sprache

Sprache gehört zum Menschen

Gegenüber anderen Lebewesen zeichnen sich Menschen u. a. dadurch aus, daß sie sprechen und gesprochene Sprache verstehen können. Als *Sprecher* sind sie in der Lage, einen geschriebenen Text in lautsprachliche, akustische Schallsignale umzusetzen, und als *Hörer* vermögen sie solche Sprachsignale zu verstehen und schriftlich festzuhalten. Unzählige Beispiele aus dem Alltagsleben zeigen, welche grundlegende Bedeutung die Sprache als Kommunikationsmittel besitzt: Mit Hilfe akustischer Sprachschallsignale können Menschen Gedanken äußern und diese anderen Menschen mitteilen; sie können Anweisungen geben, Unsinn reden, Gefühle schildern, über Erlebnisse berichten und vieles mehr. Diese besondere Fähigkeit des Menschen erscheint so selbstverständlich, daß man sich kaum Gedanken darüber macht, was es bedeutet, nicht sprechen oder nicht hören zu können.

Ein Taubstummer kann nicht sprechen, weil er nicht hören kann

Am Beispiel der Taubstummen, die von Geburt an zunächst nur taub sind, wegen des fehlenden Gehörsinns aber im Laufe ihrer Entwicklung nicht Sprechen gelernt haben, wird deutlich, wie schwierig es ist, sich ohne gesprochene Sprache der Umwelt verständlich zu machen. Mit Hilfe etwa von Fingerzeichen ist es kaum möglich, jene Fülle sprachlicher Ausdrucksmöglichkeiten auszuschöpfen, die einem normalen Sprecher zur Verfügung stehen.
Die alltägliche Erfahrung, daß gesprochene Sprache das wichtigste und flexibelste Mittel der Kommunikation darstellt, war der Anlaß, die komplizierten Vorgänge bei der sprachlichen Kommunikation zu erforschen. Die wichtigsten Ergebnisse der akustisch-technischen Erforschungen auf dem Gebiet der Sprache sollen im folgenden erläutert werden.

Weshalb man sich mit Sprachsignalen verständigen kann

Der Hauptgrund dafür, daß man sich mit Hilfe von Sprache verständigen kann, liegt im *Zeichencharakter der Sprachsignale.* Zeichencharakter heißt hier nichts anderes als das Setzen eines speziellen Schallsignals für eine bestimmte Bedeutung. Spricht man z. B. die Wörter „Tisch" und „Fisch" aus, so „bedeutet" das entstehende Schallsignal von „Tisch" den bekannten Gegenstand im Zimmer und das Signal von „Fisch" das schwimmende Tier im Wasser. Diese selbstverständlich anmutende Tatsache erscheint aber nicht mehr so selbstverständlich, wenn man bedenkt, daß beispielsweise im Französischen für diese Gegenstände „table" und „poisson" stehen. Hier wird deutlich, daß zwischen den bezeichneten Gegenständen – den Bedeutungen solcher Wörter – und den lautsprachlichen Eigenschaften der Wörter selbst keine ursächliche Abhängigkeit, keine naturgesetzliche Beziehung besteht. Wichtig ist allein folgendes:
Da sich die Gegenstände, die bezeichnet werden sollen, voneinander unterscheiden, müssen sich auch die Schallsignale, mit denen wir die Gegenstände bezeichnen wollen, so voneinander unterscheiden, daß keine Verwechslungen auftreten können. Das Prinzip, das der Verständigung mit Hilfe von Sprachsignalen zugrunde liegt, ist folglich in der Unterscheidbarkeit von Sprachsignalen zu sehen, die unterschiedliche Bedeutungen übermitteln sollen.
Das obige Beispiel, „Tisch" und „Fisch", zeigt, daß der lautsprachliche Unterschied äußerst minimal

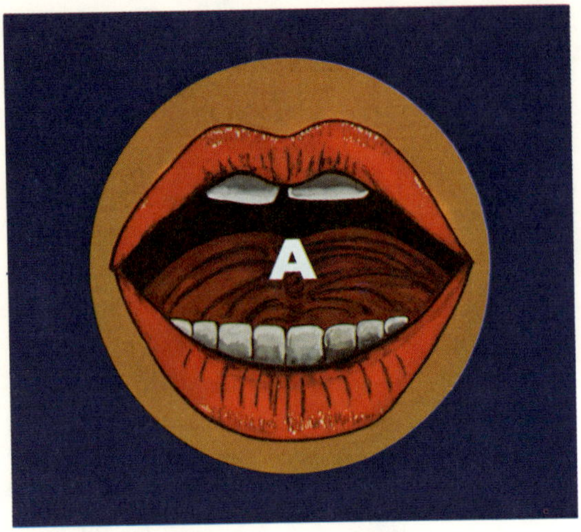

Abb. 1 Sprachformung durch Lippen

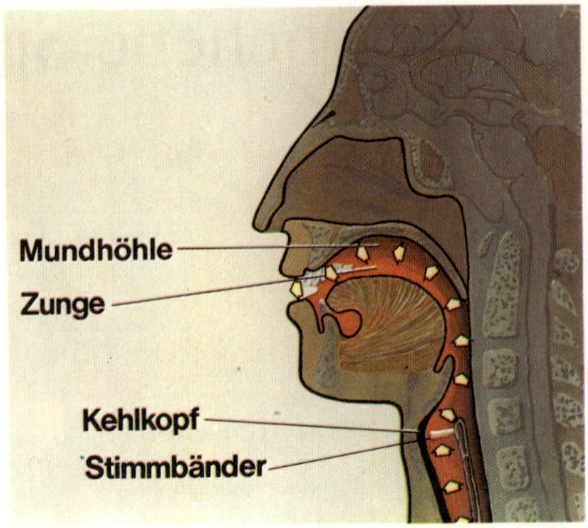

Abb. 2 Sprachorgane

sein kann; „Tisch" und „Fisch" unterscheiden sich nur durch den Unterschied zwischen „t" und „f". Wir können daraus folgenden Schluß ziehen: *Sprachsignale mit unterschiedlicher Bedeutung unterscheiden sich durch eine mehr oder weniger große Zahl kleinster Einheiten, die zwar selbst keine eigene Bedeutung besitzen, deren Unterscheidbarkeit es aber ermöglicht, Verwechslungen der dadurch unterschiedenen Wörter mit verschiedenen Bedeutungen zu vermeiden. Diese kleinsten bedeutungsunterscheidenden Einheiten heißen* Sprachlaute *oder* Phoneme. *Wörter und Sätze werden folglich durch Aneinanderreihung solcher bedeutungsunterscheidender Sprachlaute gebildet.*

Der Sprachschall wird durch die Sprachorgane geformt

Wenden wir uns zunächst der Frage zu, wie solche kleinsten, bedeutungsunterscheidenden Einheiten beim Sprechen realisiert werden. In *Abbildung 2* ist der menschliche Sprechapparat schematisch dargestellt. Durch komplizierte Bewegungsabläufe von Lippen, Zunge, Kiefern und den Muskeln des Mund- und Rachenraumes werden die *Sprachsignale* erzeugt. Insgesamt bilden die Sprechwerkzeuge einen Hohlraum, der von den Mundlippen bis zu den Stimmlippen im Kehlkopf reicht. Diesen Hohlraum bezeichnet man in der Fachsprache als *Stimmkanal* oder Ansatzrohr. Die im Ansatzrohr enthaltene *Luftsäule* wird durch die Schwingungen der Stimmbänder im Kehlkopf erregt. Die schwingenden Stimmbänder bilden folglich die ursprüngliche *Schallquelle. Abbildung 3* zeigt eine Röntgenaufnahme eines sprechenden Menschen; die einzelnen Sprechwerkzeuge sind hier für einen ungeübten Betrachter nicht sehr genau zu erkennen, vermitteln aber doch einen Eindruck der wirklichen Verhältnisse.

An dem in *Abbildung 4 a–d* dargestellten schematischen Modell lassen sich diese Zusammenhänge besser erkennen. Die Stimmbänder als Schallquelle erzeugen eine Art Schnarrton, der in seiner *Tonhöhe* veränderlich ist. Das Sprechen mit hoher oder tiefer Stimme ist z. B. ein Ergebnis dieser möglichen Veränderung. Die zum Sprechen notwendige Unterscheidbarkeit der einzelnen Sprachlaute wird jedoch nicht durch die Stimmbänder erreicht, sondern durch die während des Sprechens stattfindende Veränderung der Form des Ansatzrohres, dessen jeweilige Luftsäule durch die Stimmbänder zu eigenen Schwingungen angeregt wird. Die gezielte Veränderung der Sprachschallproduktion durch die unterschiedlichen Formen des Ansatzrohres nennt man *Artikulation.* Physikalisch gesehen wird der Sprachschall durch einen Filterungsprozeß im Ansatzrohr des von den Stimmlippen erzeugten Schnarrtones gebildet.

Auf diese Art werden die *stimmhaften Laute* produziert, wie beispielsweise die *Vokale* „a", „e", „i", „o", „u". Eine andere Artikulationsart wird dadurch er-

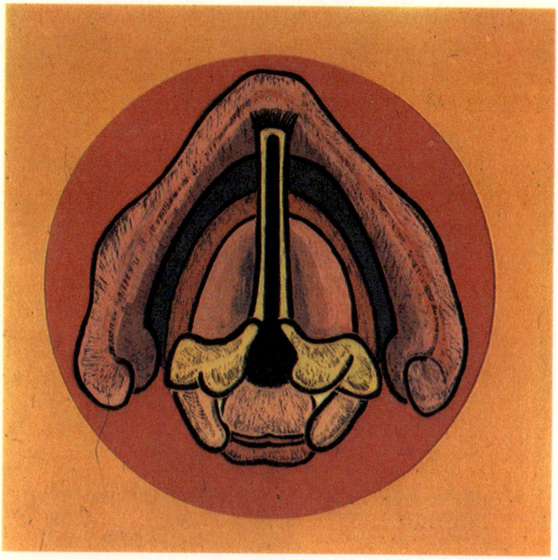

Abb. 3 Schnitt durch Kehlkopf mit Stimmbändern

Abb. 4a–d

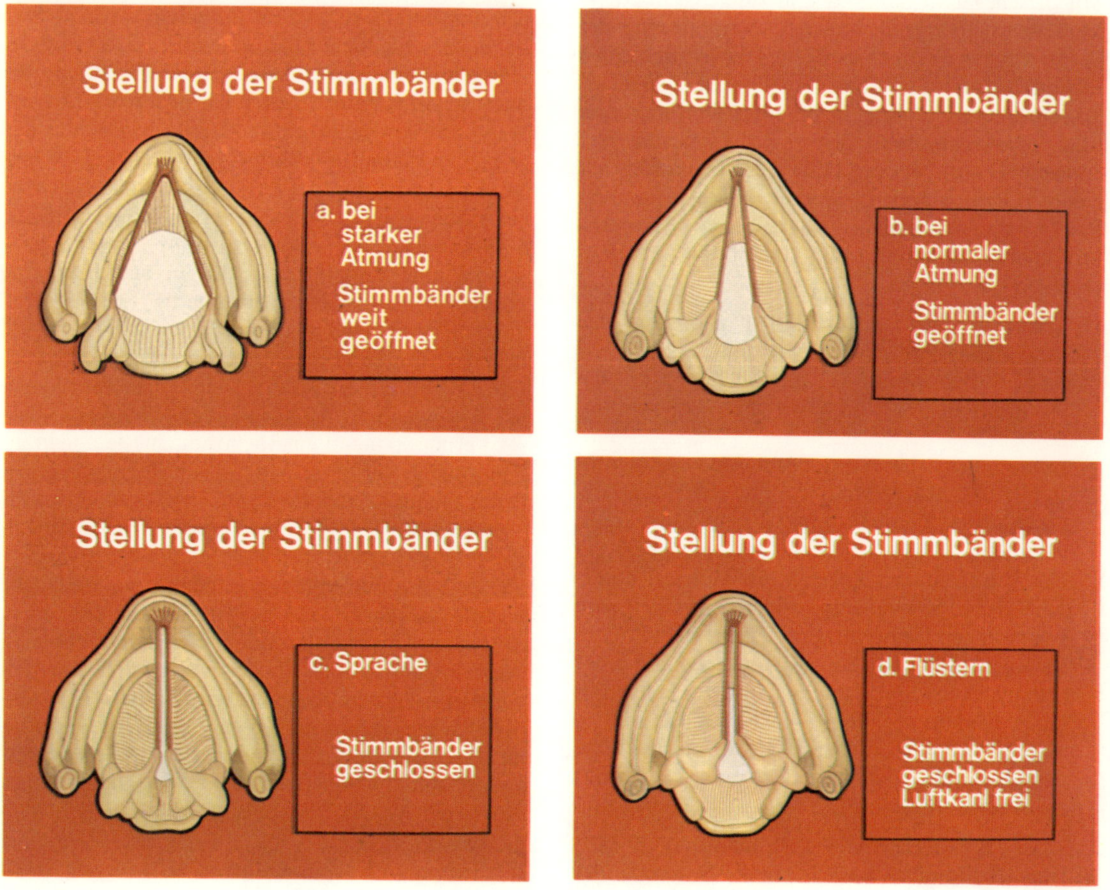

zielt, daß die Stimmbänder sich in Ruhe befinden, während im Ansatzrohr durch Verengungen zischende Geräusche gebildet werden. Diese Form der Artikulation führt zu den *stimmlosen Sprachlauten;* Beispiele dafür sind „f", „s", „sch". *Abbildung 4a* bis *d* zeigt schematisch diese Artikulationsform.

Ein Stimmbänderersatz mit Namen „Elektrolarynx"

Daß der Sprachschall auf die eben beschriebene Weise zustandekommt, läßt sich mit einem Gerät mit Namen *„Elektrolarynx"* auf zweifache Art demonstrieren. Der Name „Elektrolarynx" deutet an, daß das Gerät elektrisch funktioniert und den *Larynx,* d. h. den Kehlkopf, in seiner Funktion ersetzen kann. Es erzeugt elektromechanisch einen schnarrenden Ton, ähnlich wie die Stimmbänder (*Abb. 5*).

Mit diesem Gerät läßt sich nun zunächst in einem Modellversuch zeigen, daß eine Veränderung der geometrischen Form eines Rohres tatsächlich einen Einfluß auf den von einer Schallquelle gelieferten Ton ausübt. *Abbildung 6a* zeigt das Oszillogramm (das Schwingungsbild) des vom „Elektrolarynx" erzeugten Tones, der mit Hilfe eines Mikrofons auf einem Oszillographen sichtbar gemacht wurde. Bringt man nun zwischen „Elektrolarynx" und Mikrofon ein Gummirohr (*Abb. 6b*), so läßt sich dreierlei zeigen:

1. Schon das Gummirohr selbst verändert das Schwingungsbild des Schnarrtones, ähnlich wie ein vor den Mund gehaltenes Papprohr den Sprachschall in charakteristischer Weise verändert.
2. Imitiert man die verschiedenen Bewegungszustände des Ansatzrohres dadurch, daß man die Gestalt des Gummirohres durch Eindrücken verändert, so zeigt sich, daß dabei, entsprechend den verschiedenen Formen des Rohres, unterschiedliche Schwingungsformen entstehen, die verschiedene Lautgebungen hervorrufen.
3. Es wurde schon erwähnt, daß die Tonhöhe der Stimme beim Sprechen die Sprachschallerzeugung ebenfalls beeinflußt. Auch dies läßt sich an dem Modell demonstrieren, indem die Tonhöhe des „Elektrolarynx" verändert, nicht jedoch das Rohr eingedrückt wird.

Daß der „Elektrolarynx" jedoch nicht nur im Modellversuch, sondern tatsächlich die Stimmbänder ersetzen kann, zeigt sich, wenn man das Ansatzrohr nicht durch die Stimmbänder, sondern durch den „Elektrolarynx" in Schwingungen versetzt. Dazu wird das Gerät von außen seitlich an die Rachenwand angelegt; die Luftsäule im Ansatzrohr wird auf diese Weise zu Schwingungen angeregt, die dann durch die normalen Artikulationsbewegungen zu Sprachschall geformt werden können (*Abb. 7*). Zusammenfassend stellen wir fest:

Die unterschiedlichen Sprachschallsignale werden durch die Tonhöhe und durch die akustischen Eigenschaften der verschiedenen Formen des Ansatzrohres artikuliert.

„Visible Speech" – sichtbare Sprache

Zur Untersuchung der akustischen Eigenschaften der einzelnen Sprachlaute, der verschiedenen bedeutungsunterscheidenden Einheiten, bedient man sich unterschiedlicher Methoden. Eines der wichtigsten Hilfsmittel dabei ist die *Sichtbarmachung* der Sprache. In Kapitel 2 haben wir neben der Darstellung von Schwingungen als *Oszillogramm,* das den *zeitlichen* Verlauf einer Schwingung beliebig komplizierter Art wiedergibt, auch das sogenannte *Spektrum* eines Schallsignals kennengelernt. Dabei spielt die *Sinusschwingung* als Baustein komplizierter Schallsignale eine fundamentale Rolle, wie *Baron de Fourier* (1768–1830) zeigen konnte. Er stellte fest, daß man jede beliebig komplizierte Schwingung mit dem nach ihm benannten Verfahren, der *Fourieranalyse,* als Summe von Sinusschwingungen verschiedener Frequenz und Amplitude darstellen kann. Dieses Verfahren liefert ein Spektrum, aus dem man die Amplituden der einzelnen Teilschwingungen sowie deren Frequenz ablesen kann. Insgesamt ergibt die Summe dieser Teilschwingungen die Originalschwingung.

Dieses Verfahren läßt sich zunächst nur für solche Signale anwenden, die *periodisch stationär* sind, d. h. deren Form der Periode zeitlich konstant bleibt. Wenn wir uns jedoch die Form eines Sprachsignals vor Augen führen, so stellen wir fest, daß diese zeitliche Konstanz hinsichlich der einzelnen Perioden nicht vorhanden ist; während des Sprechens verändert sich das Signal ständig. Mit Hilfe einer modifizierten Analyseform, die ein sogenanntes *Sonagramm* liefert, kann man nun das Spektrum einer solchen zeitlich veränderlichen Schwingung erfas-

Abb. 5 Elektrolarynx (Servox-Sprechhilfe)

Abb. 7 Das Sprechen mit dem Elektrolarynx (Servox-Sprechhilfe)

sen. Das Gerät, das dies leistet, heißt *Sonagraph* (*Abb. 8a*).

Abbildung 8b zeigt das Sonagramm des gesprochenen Wortes „Akustik". Auf der horizontalen Koordinate ist die Zeit aufgetragen; die einzelnen Sprachlaute, die das Wort bilden, sind in ihrer zeitlichen Abfolge angegeben. Auf der vertikalen Koordinate sind die Frequenzen der einzelnen Teilschwingungen in Hz aufgetragen. Die Größe der Amplituden der Teilschwingungen wird durch die Schwärzung des Papiers wiedergegeben, d. h. je größer die Amplitude, desto größer die Schwärzung. Der Vollständigkeit halber muß noch gesagt werden, daß diese Darstellung auch für *nicht-periodische* Schwingungsverläufe wie etwa Geräuschlaute möglich ist.

Die Geräuschlaute zeichnen sich im Sonagramm durch *Geräuschblöcke* aus, die relativ große *Frequenzbereiche* überstreichen. (Vgl. dazu in *Abb. 8b* das „s" des Wortes „Akustik".) Je nach Lage dieser Bereiche lassen sich die verschiedenen Geräuschlaute unterscheiden. Dagegen zeigen sich die im Sonagramm ablesbaren Eigenschaften der Vokale als mehr oder weniger stark ausgeprägte *Balkenstrukturen,* die nahezu parallel zur Zeitachse verlaufen. (Vgl. dazu in *Abb. 8b* die Vokale des Wortes „Akustik".) Diese sogenannten *Formanten* formen (daher Formant) je nach ihrer Lage im Frequenzbereich die unterschiedlichen Vokale. Sie werden von unten nach oben als erster, zweiter, dritter usw. Formant (F_1, F_2, F_3, ...) bezeichnet. Wichtig ist nun folgendes:

Für die Unterscheidbarkeit der verschiedenen Vokale reichen die ersten beiden Formanten aus. Die Lage dieser beiden Formanten zueinander bestimmt die Qualität eines Vokals; d. h. die Formanten zeigen an, ob „a", „e", „i", „o" oder „u" gesprochen wurde. *Abbildung 9* gibt die Positionen der ersten beiden Formanten für einige Vokale wieder.

Diese Darstellungsart von Sprache hat man auch *visible speech,* d. h. sichtbare Sprache, genannt. Die Unterscheidbarkeit und Identifizierbarkeit der einzelnen Sprachlaute ist hier mit dem Auge besser möglich als beispielsweise im Oszillogramm. Dennoch bedarf es einer langen Erfahrung im Umgang mit

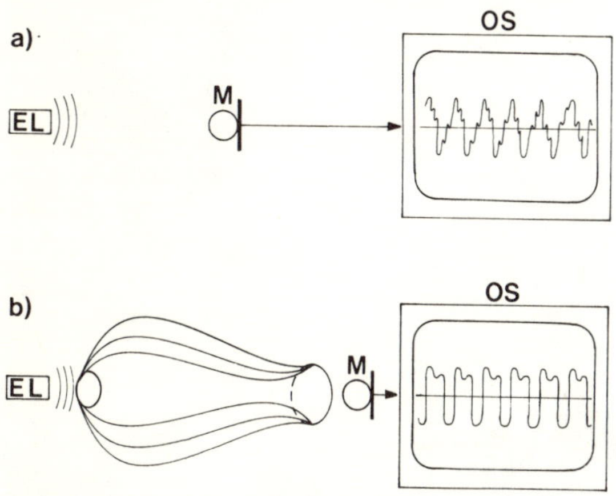

Abb. 6a/b Schallbeeinflussung durch ein Ansatzrohr EL = Elektrolarynx; M = Mikrofon; Os = Oszillograph

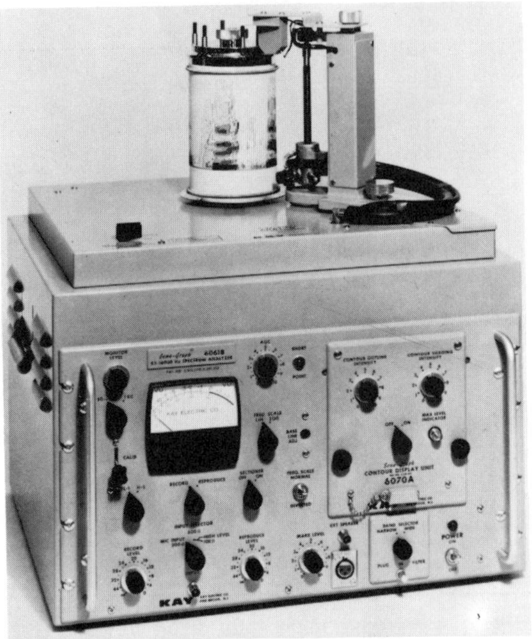

Abb. 8a Sonagraph

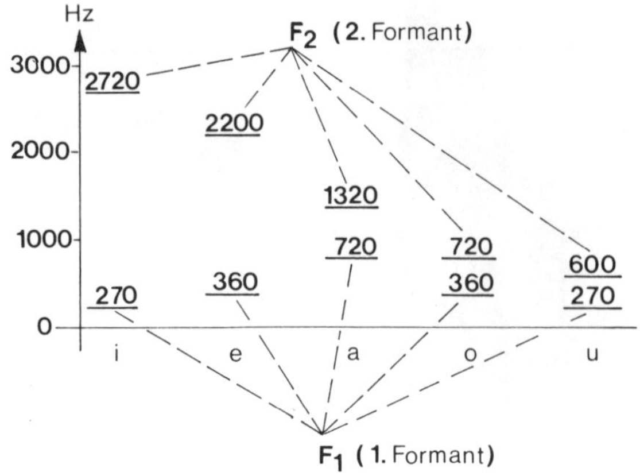

Abb. 9 Die Lage der Formantfrequenzen für verschiedene Vokale

Sonagrammen, um die Sprache eines unbekannten Sonagramms zu identifizieren.

Als dieses Verfahren in den vierziger Jahren entwikkelt wurde, dachte man u. a. daran, auf diese Weise den Taubstummen Sprache optisch zu vermitteln. Es hat sich jedoch herausgestellt, daß dies nur in beschränktem Maße möglich ist, d. h. daß die Unterscheidungsfähigkeit des Ohres durch dieses Verfahren nicht ohne weiteres ersetzt werden kann.

Abb. 8b Sonagramm des Wortes „Akustik"

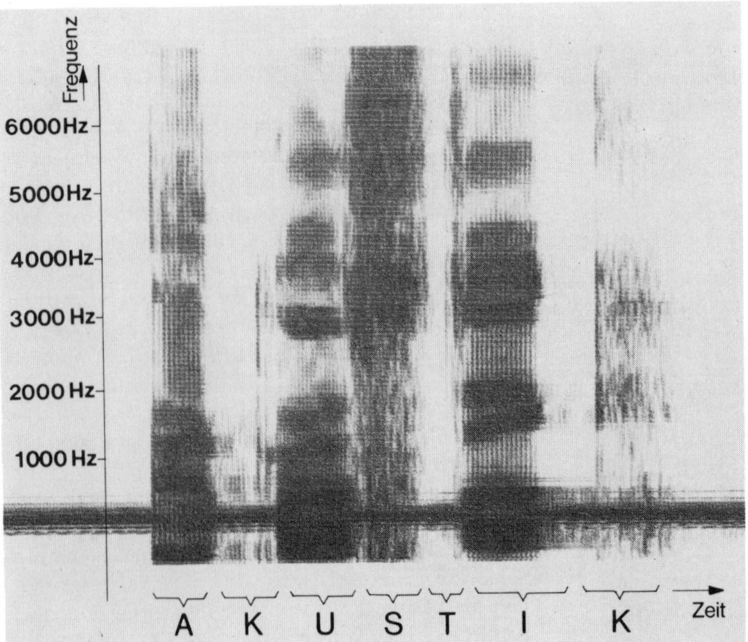

Eine andere Verwendung des Sonagraphen macht in neuerer Zeit in der Kriminalistik von sich reden. Da jeder Mensch seine ganz eigene Sprechweise hat, müßten sich diese Eigenheiten auch im Sonagramm als charakteristische Eigenschaften zeigen. Man versucht daher, sogenannte *voiceprints (Stimmabdrücke),* ähnlich wie Fingerabdrücke, zu erstellen, die zur Identifikation von Stimmen dienen sollen. Bisher befinden sich diese Bemühungen jedoch noch im Anfangsstadium.

Sprache und Technik

Die grundsätzlichen physikalisch-akustischen Erkenntnisse auf dem Gebiet der Sprachforschung, die man im Laufe der Zeit gewonnen hat und die zum Teil hier erwähnt wurden, helfen nun, die unterschiedlichsten Probleme zu lösen, die beispielsweise im Zusammenhang mit Sprache und Technik auftauchen. Im folgenden sollen einige der interessantesten Entwicklungen auf diesen Gebieten dargestellt werden.

Ein Taucher, der wie „Donald Duck" spricht

Aus der Tabelle auf Seite 13 wissen wir, daß die Schallgeschwindigkeit in verschiedenen Medien sehr unterschiedliche Werte annehmen kann. Welche Bedeutung dieses Phänomen in der Praxis haben kann, läßt sich an einem interessanten Beispiel aus der Tiefseetechnik demonstrieren.
Ein Taucher, der sich längere Zeit unter Wasser in großen Tiefen aufhält, muß mit Atemluft versorgt werden. Die alltägliche Erfahrung im Schwimmbad zeigt nun, daß schon bei geringen Tauchtiefen (4–5 m) ein Druckanstieg auf Ohren und Kopf zu bemerken ist (vgl. *Abb. 10*). Bei großen Tauchtiefen (etwa 300 m) ist es daher unerläßlich, den Taucher in der Tauchglocke oder im Unterwasserlaboratorium unter einen entsprechenden Ausgleichsdruck zu setzen. Geschieht dies mit der normalen Luftzusammensetzung, so kommt es zu physiologischen Schädigungen des Tauchers. Schuld daran ist der in der Luft enthaltene Stickstoff, der sich in Abhängigkeit vom Druck in den Geweben und im Blut des Menschen bindet, und dadurch narkotisierend wirkt. Außerdem wird bei schnellem Druckabfall (plötzliches Auftauchen) der Stickstoff in Form von kleinen Gasbläschen im

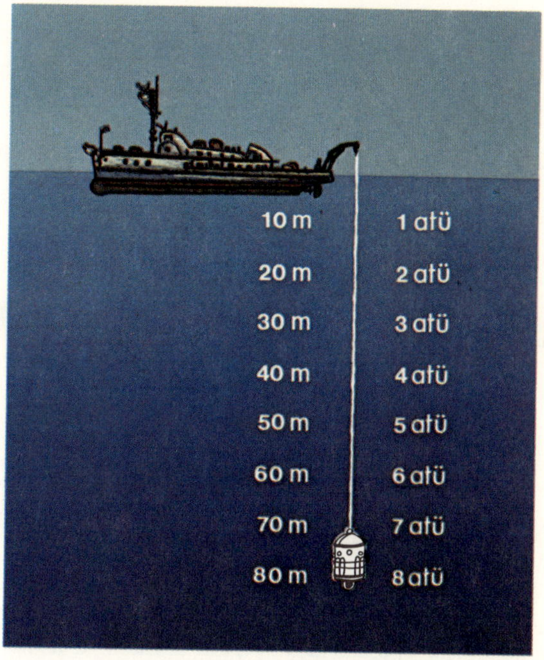

Abb. 10 Der Druck steigt mit zunehmender Wassertiefe um 1 atü pro 10 m

Blut wieder frei, was zu lebensgefährlichen Gasembolien führen kann.
Um diese gefährlichen Effekte weitgehend auszuschalten, hat man den Stickstoffanteil der Atemluft teilweise oder ganz durch ein leichteres Gas, nämlich durch *Helium* ersetzt. Dabei muß freilich der normale Partialdruck des lebensnotwendigen Sauerstoffs stets erhalten bleiben. Dies führt dazu, daß mit zunehmendem Druck der Heliumanteil steigt; bei 300 m Tauchtiefe auf etwa 97 Prozent.
Nun hat Helium (vgl. die Tabelle auf Seite 13) eine nahezu dreimal so hohe Schallgeschwindigkeit wie normale Luft (971 m/sec). Da die Formantfrequenzen der Sprachsignale direkt proportional der Schallgeschwindigkeit des Mediums sind, werden diese in Helium um den Faktor 2–3 nach oben versetzt. Die Schwingungen der Stimmbänder im Kehlkopf, welche die Grundfrequenz festlegen, sind dagegen von diesem Effekt nicht betroffen, da dieser biomechanische Vorgang durch Helium nicht beeinflußt wird. Aus *Abbildung 11* ist ersichtlich, welchen spektralen Unterschied man zwischen normaler Luft und *Heliumsprache* erhält. Die Formantfrequenzen F_1, F_2 und F_3 werden die Positionen F_1^H, F_2^H und F_3^H verschoben. *Abbildung 12* zeigt das Sonagramm der

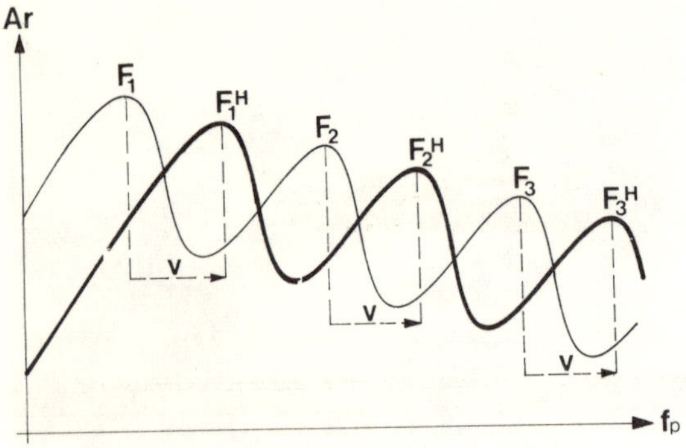

Abb. 11 Verschiebung der Formantfrequenzen bei Heliumsprache
A_r = relative Amplitude; f_r = Grundfrequenz;
v = Frequenzverschiebung; F_1, F_2, F_3 = Formanten in der Luft; $F_1{}^H$, $F_2{}^H$, $F_3{}^H$ = Formanten in Helium

französischen Wortfolge „le coffret", und zwar in Luft (*Abb. 12 a*) und in Heliumgemisch (*Abb. 12 b*). Die Formantfrequenzen sind etwa um den Faktor 2,5 gegenüber Luft verschoben. Beim Anhören von Heliumsprache macht sich diese Formantverschiebung als *Donald*(Duck)-*Effekt* bemerkbar: die Heliumsprache klingt gequetscht, die Verständlichkeit ist erheblich beeinträchtigt; eine normale sprachliche Kommunikation mit einem in Helium arbeitenden Taucher ist nicht möglich.

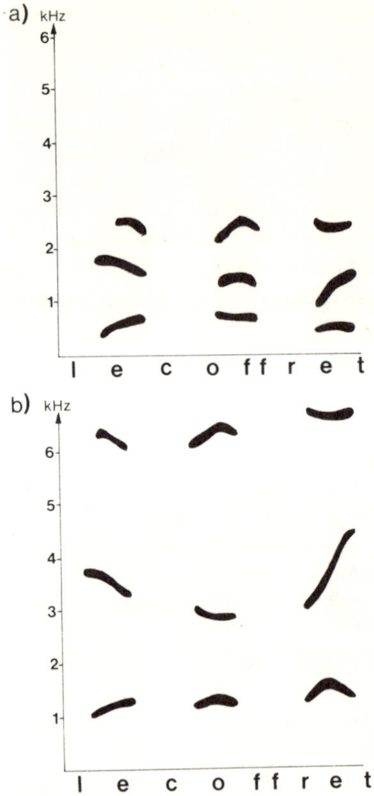

Abb. 12 Sonagramm (stilisiert) des französischen Wortes „le coffret" a) in Luft, b) in Helium

Ein Sprechgerät „entzerrt" die Heliumsprache

Hier setzte nun die Aufgabe der Technik ein: Entwickelt werden mußte ein Gerät, das die „verzerrte" Heliumsprache in normale Sprache umwandelt und so den sprachlichen Kontakt mit dem in Helium arbeitenden Taucher ermöglicht (vgl. *Abb. 13 a–c* und *14*).

Damit ein Sprachsignal von einem solchen elektronisch arbeitenden Gerät überhaupt verarbeitet werden kann, muß es einer bestimmten Prozedur unterzogen werden, die man als *Digitalisierung* bezeichnet. Es gibt verschiedene Arten der Digitalisierung; sie alle haben jedoch eines gemeinsam: das Originalsignal wird kodiert, d. h. verschlüsselt dargestellt durch eine Abfolge von gleichlangen Zeitintervallen (Sampleintervall), innerhalb derer nur ein einziger Amplitudenwert angegeben wird. Die Frequenz, mit der das Originalsignal in gleiche zeitliche Abschnitte zerlegt wird, nennt man die *Taktfrequenz*. Im einfachsten Fall erhält man ein sogenanntes *Binärsignal*, das nur zwei Amplitudenwerte kennt; diese werden meist durch Vorhandensein oder Nicht-Vorhandensein eines Impulses angezeigt. Der Vorteil dieses Verfahrens liegt darin, daß man diese *gequantelten* Signale schaltungstechnisch besser verarbeiten kann als das *kontinuierliche* Originalsignal.

Bei der Umwandlung von Heliumsprache in normale Sprache bedient man sich eines besonderen Digitalisierungsverfahrens, das in der Nachrichtentechnik unter dem Namen *Deltamodulation* bekannt ist. *Abbildung 15 a–d* zeigt das Prinzip dieses Verfahrens. Das Originalsignal OS wird durch eine Treppenkurve DS angenähert (approximiert), und zwar so, daß pro Taktintervall die Differenz zwischen der Amplitude von OS und der letzten Amplitude von DS durch Hinzufügen oder Abziehen eines fest vorgegebenen Wertes ΔA zu oder von dem letzten Wert von DS nachgebildet wird (*Abb. 15 a*). Erzeugt man nun – wie in *Abbildung 15 c* angedeutet ist – immer

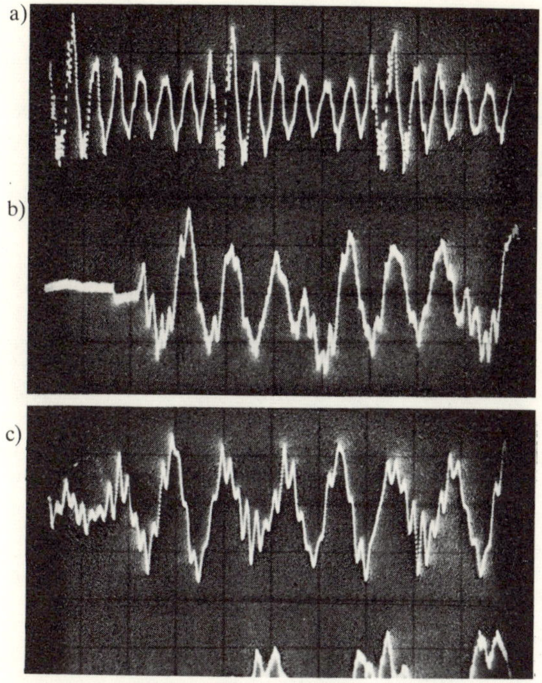

Abb. 13 Oszillogramm eines Sprachlauts. a) Heliumsprache; b) entzerrte Sprache; c) originale Sprache

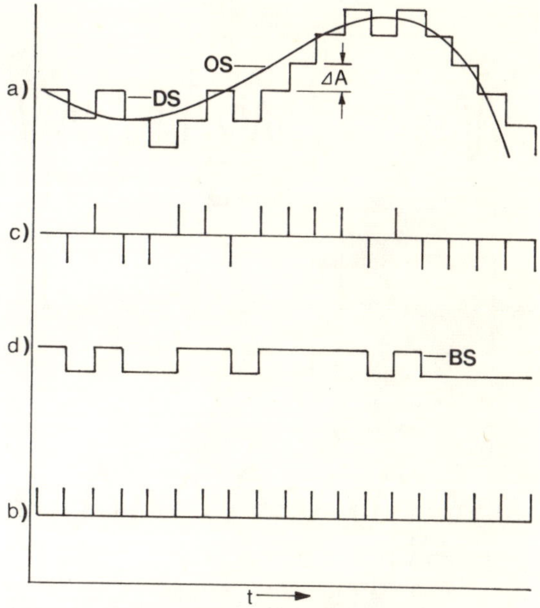

Abb. 15 a–d Das Deltamodulationsverfahren
OS = Originalsignal; DS = digitalisiertes Signal;
BS = Binärsignal

dann einen negativen Nadelimpuls, wenn die Richtung der Amplitudenänderung negativ ist, und einen positiven Nadelimpuls, wenn die Richtung positiv ist, so erhält man eine Folge von Positiv-Negativ-Impulsen. Diese Folge läßt sich in ein Binärsignal umwandeln, indem aufeinander folgende positive Nadelimpulse durch einen einzigen entsprechend langen Rechteckimpuls ersetzt, während die negativen Nadelimpulse als entsprechend lange Lücke gedeutet werden (*Abb. 15 d*).

Damit ist das Originalsignal OS in ein binäres Impulssignal BS umgewandelt worden, wobei jedoch zu beachten ist, daß damit ein Informationsverlust einhergeht. Bei geeigneter Wahl der Kodierungsgrößen (Taktfrequenz, Größe von ΔA) kann man jedoch den Informationsverlust so gering halten, daß das Binärsignal BS zur Rückgewinnung (Dekodierung) *eines verständlichen Originalsignals OS voll ausreicht.*

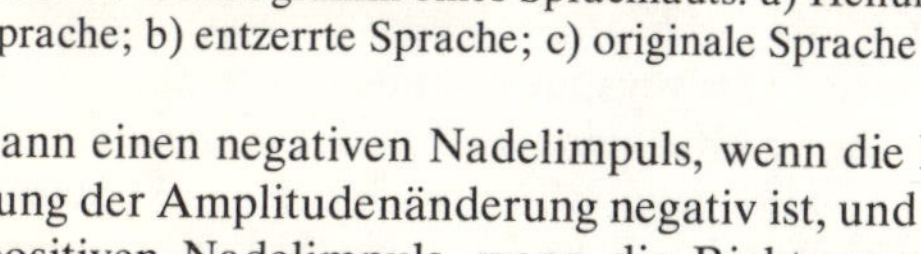

Abb. 14 Blockdiagramm zur Entzerrung von Heliumsprache

Mit dieser Deltamodulation haben wir schematisch den *ersten Verarbeitungsschritt* des Sprechgerätes skizziert, das die Heliumsprache in Normalsprache umwandelt. Dieser erste Schritt dient dazu, das Originalsignal rein elektronisch verarbeiten zu können. (Wie wir später sehen werden, ist auch für die Verarbeitung von Sprachsignalen im *Computer* eine Digitalisierung erforderlich.)

Da in Heliumsprache die Grundfrequenz des Sprachschalls (Tonhöhe) nicht beeinflußt wird, muß das Umwandlungsgerät dafür sorgen, daß diese Grundfrequenz in ihrem zahlenmäßigen Wert erhalten bleibt. In *Abbildung 16 a* ist ein Originalsignal OS mit der Periodendauer T_P dargestellt. Das Gerät arbeitet nun so, daß zu jedem Periodenbeginn ein Nadelimpuls gesetzt wird, so daß der Abstand der Impulse die Dauer der Periode festhält (*Abb. 16 b*). Dieser *zweite Verarbeitungsschritt* ist erforderlich, da sonst die notwendige Tonhöheninformation des Sprachsignals verloren wäre.

Es schließt sich nun ein *dritter Verarbeitungsschritt* an, der auf folgende Weise zustande kommt: Es ist

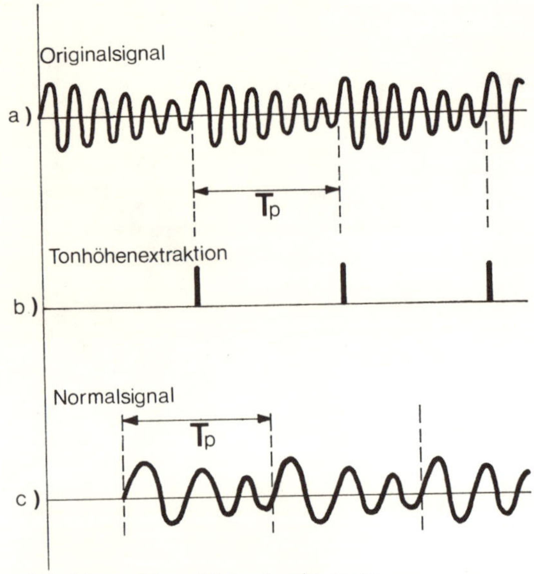

Abb. 16 a–c Die zeitliche Ausdünnung
Tp = Periodendauer des Stimmtones

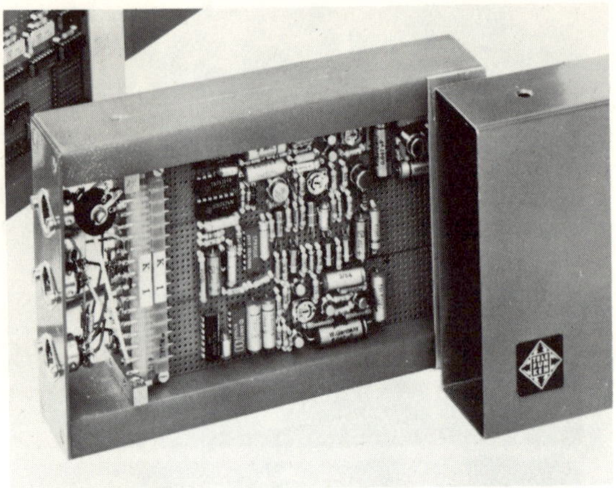

Abb. 18 Sprechgerät zur Entzerrung von Heliumsprache

bekannt, daß die Feinstruktur der einzelnen Sprachlaute sehr *redundant* ist, d. h. daß beispielsweise zur Erkennung eines „a"-Lautes zwei oder drei Perioden dieses Lautes ausreichen. Die gesamte Information, die man benötigt, um ein „a" als solches zu erkennen, steckt also in diesen wenigen Perioden. Die Realisierung eines „a"-Lautes besteht aber in Wirklichkeit aus sehr viel mehr Perioden, die zur Erkennung eigentlich überflüssig sind. Diesen Überfluß an Information nennt man *Redundanz*. Diese wird nun im dritten Verarbeitungsschritt ausgenutzt.

Das Originalsignal OS in *Abbildung 16 a* hat die Periode T_p und soll stilisiert das Heliumsignal darstellen. Pro *Stimmtonperiode* sind sechs Teilperioden zu erkennen. Man macht nun apparativ folgendes: Die ersten drei Teilperioden werden festgehalten, während der Rest weggelassen wird. Der erste Teil wird nun auf die Länge der Stimmtonperiode gedehnt, so daß damit das Originalsignal frequenzmäßig um den Faktor 2 heruntergesetzt wird. Diese Vergröberung der zeitlichen Feinstruktur entspricht einer Herabsetzung der Formantfrequenz, die ja erstrebt wurde (*Abb. 16 c* zeigt das herabgesetzte Normalsignal). Das gesamte Verfahren des dritten Verarbeitungsschrittes nennt man *zeitliche Ausdünnung*.

Abbildung 17 zeigt schematisch den Funktionsaufbau des Sprechgerätes. Über ein Mikrofon gelangt die Heliumsprache zum *Tonhöhenextraktor* und zum *Deltamodulator*. Danach schließt sich das Verfahren der zeitlichen Ausdünnung an. Die *Demodulation* wirkt genau entgegengesetzt der Deltamodulation; das „entzerrte" Signal kann nun über Lautsprecher oder Kopfhörer abgestrahlt werden. Solche Geräte sind von den Firmen AEG-Telefunken und IBM entwickelt worden (*Abb. 18*).

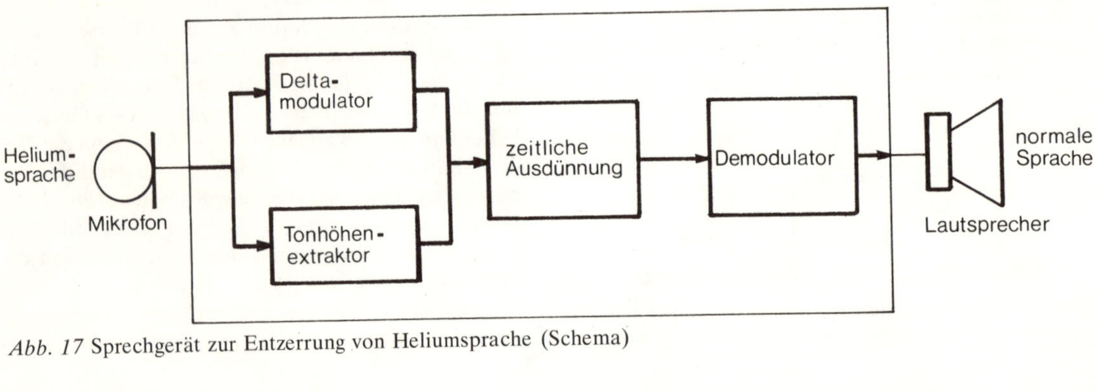

Abb. 17 Sprechgerät zur Entzerrung von Heliumsprache (Schema)

Abb. 19 Vocoder

Der Computer kann „sprechen“

Ein weiteres, äußerst wichtiges Problem aus dem Bereich Sprache und Technik ist die Konstruktion eines *sprechenden Computers.* Wohl jeder hat schon irgendwann in einem Zukunftsroman oder in anderem Zusammenhang von einem sprechenden Computer gehört, der in direktem sprachlichen Kontakt mit Menschen steht. Der Mensch spricht mit dem Computer, dieser versteht ihn und antwortet. Ein Teil dieser utopisch anmutenden Vorstellung ist inzwischen Wirklichkeit geworden; es ist heute möglich, für verschiedene Aufgaben einen sprechenden Computer einzusetzen. Es ist bisher jedoch noch nicht gelungen, einen Computer zu konstruieren, der im gleichen Maße Sprache verstehen wie sprechen kann. Wir kommen auf dieses Problem später zurück.

Aber schon die Vorteile, die ein nur sprechender Computer bietet, sind beachtlich. Man kann den Computer als Fernsprechteilnehmer einsetzen, der auf einen Anruf hin Auskunft gibt etwa über Versicherungsnummer, Kfz-Kennzeichen und Daten des Versicherungsnehmers bei einer Versicherungsanstalt. Ferner ist an automatische Kontenstandsauskunft bei einer Bank zu denken sowie an Auskünfte jeglicher Art, wenn allein durch den Anruf die Frage klar ist, da ja eine eigene sprachliche Fragestellung vom Computer nicht verstanden wird; d. h. eine Anfrage an den Computer erfolgt nicht mit akustischen Signalen, sondern beispielsweise über eine bestimmte Zahlenkombination an der Wählscheibe eines Telefons. So könnte etwa die Rufnummer 46843 bedeuten: Wie ist der Stand meines Bankkontos? Daraufhin „weiß“ der Computer, was er zu antworten hat und setzt diese Antwort in ein akustisches Signal um, etwa in der Form: „Kontonummer vier acht sechs fünf sieben – ihr Kontostand beträgt dreihundertfünfundsiebzig Komma fünfunddreißig D-Mark Haben.“

Das Sprachorgan des Computers – ein Vocoder

Das Prinzip, das dem sprechenden Computer zugrunde liegt, ist in der Fachliteratur unter dem Namen *Vocoder* bekannt. Der Name Vocoder stammt aus dem Englischen und ist eine Abkürzung für *voice coder*. Im allgemeinen wird der Amerikaner Dudley als der Erfinder des Vocoders angesehen; man darf jedoch in K. O. Schmidt den Vater der Vocodertechnik sehen, da er bereits im Jahre 1932 dieses System zum Patent angemeldet hat, während Dudley erst im Jahre 1936 sein System vorführte (vgl. *Abb. 19*).

Bevor wir die Funktionsweise des Vocoders erklären, einige Vorbemerkungen.

Die Speicherung von menschlicher Sprache und ihre Wiedergabe ist an sich kein Problem. Wir kennen das von der Schallplatte oder vom Tonband her. Beim Tonband z. B. wird ein Magnetband entsprechend dem Sprach- oder auch Musiksignal genau nach dem zeitlichen Verlauf magnetisiert: die Magnetisierung ist analog den physikalischen Druckschwingungen. Man spricht daher von *analoger Speicherung.*

Später bei der Wiedergabe wird dieses analoge Signal mit Hilfe von Magnetköpfen wieder abgetastet. Analoge Signale aber können die modernen Computer nicht unmittelbar verarbeiten. Deshalb ist es notwendig, das *analoge* Signal in ein *digitales* umzuwandeln. Digital heißt auf deutsch „ziffernmäßig darstellen“, das heißt, das analoge Signal muß in abzählbare Stufen eingeteilt werden.

Anhand von *Abbildung 20* sei zunächst die generelle Funktionsweise eines Vocoders erläutert. Er besteht aus einem *Analysator*, der aus Teilanalysatoren zusammengesetzt ist, und aus einem *Synthesator.* Über ein Mikrofon (M) wird ein Sprachsignal (z. B. ein Wort oder ein Satz) auf den Analysator gegeben, der das Signal nach verschiedenen Analyseverfahren in eine Menge von *Parametersignalen* zerlegt. Diese Parametersignale sind Träger von Signaleigenschaften, die zur eindeutigen Rekonstruktion des Sprachsignals benötigt werden: jeder Parameterleitung P_1, $P_2, \ldots, P_n$ ist eine bestimmte Signaleigenschaft zugeordnet. Als Signaleigenschaft kann beispielsweise der uns schon bekannte Tonhöhenverlauf in Frage kommen oder die Intensität eines bestimmten Frequenzbereiches.

Der *Synthesator* arbeitet im Prinzip umgekehrt wie der Analysator, d. h., er rekonstruiert aus den Parametersignalen wieder ein *verständliches* Sprachsignal. Dazu ist ein *Generator* G_1 zur Erzeugung von Impulssignalen in Abhängigkeit des Tonhöhenverlaufs notwendig. Dieser Generator entspricht den Stimmbändern des Menschen. Ein weiterer *Generator* G_2 dient der Erzeugung von Rauschsignalen, wie sie auch in der natürlichen Artikulation vorkommen. Und schließlich sorgt ein *veränderbares* elektronisches Netzwerk dafür, die von G_1 und G_2 gelieferten

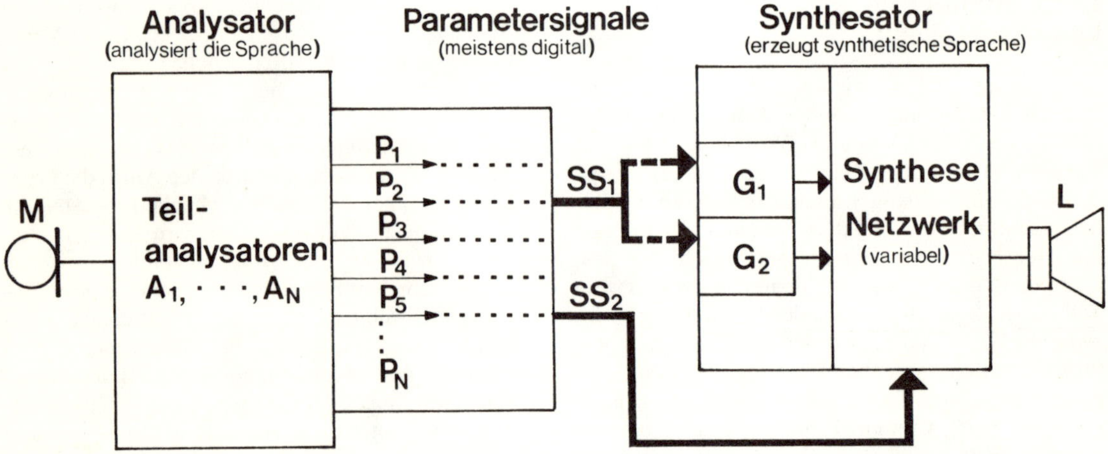

Abb. 20 Generelle Funktionsweise eines Vocoders. M = Mikrofon; L = Lautsprecher; SS_1 = Steuersignal, welches das Zu- und Abschalten von G_1 und G_2 steuert; SS_2 = Steuerung des variablen Synthesenetzwerkes; $P_1, \ldots, P_n$ = Parametersignale; G_1 = Stimmhaftgenerator zur Erzeugung von Impulssignalen in Abhängigkeit zur Tonhöhe; G_2 = Stimmlosgenerator zur Erzeugung von Rauschsignalen

Signale zu einem verständlichen Sprachsignal zu „artikulieren". Der Veränderlichkeit des Netzwerkes entspricht demnach die Veränderung des Ansatzrohres beim natürlichen Sprechen.
Die Steuersignale SS_1 und SS_2 in *Abbildung 20* sind als wesentliche Informationsträger der Parametersignale $P_1, \ldots, P_n$ eingezeichnet und sollen lediglich deren wichtigste Steueraufgaben darstellen: SS_1 bezeichnet die Steuersignale, die das Zu- und Abschalten von G_1 und G_2 sowie deren Veränderung hinsichtlich Amplitude und Frequenz bewirken. SS_2 steuert die erwähnte Veränderung des Netzwerkes. Über einen Lautsprecher L wird das künstlich erzeugte verständliche Sprachsignal abgestrahlt.
Der Vocoder wurde ursprünglich zur einfacheren Übertragung gesprochener Sprache über Telefonkabel entwickelt. Es war dadurch möglich, nicht die komplizierten Originalsignale selbst, die eine große Kanalkapazität erfordern, sondern die signaltechnisch gesehen wesentlich einfachere „Parametersprache" zu übertragen, die durch einen Analysator geliefert wurde. Diese Parametersignale steuerten dann am Zielort einen Synthesator, so daß schließlich wieder verständliche Sprache entstand, obwohl durch das Telefonkabel nur die einfachen Steuersignale gesendet wurden.
Der praktische Vorteil des Vocoders gegenüber dem Telefon liegt also darin, daß zur Übertragung der Parametersignale von einem Ort zum andern ein wesentlich geringerer technischer Aufwand erforderlich ist als zur direkten Übermittlung der Originalsignale. Der Nachteil allerdings, der bisher eine weite Verbreitung des Vocoders verhindert hat, liegt darin, daß einige für viele Zwecke wichtige Informationen – wie etwa die Erkennbarkeit der Stimme des Gesprächspartners – im Vocodersignal bisher noch nicht enthalten sind.

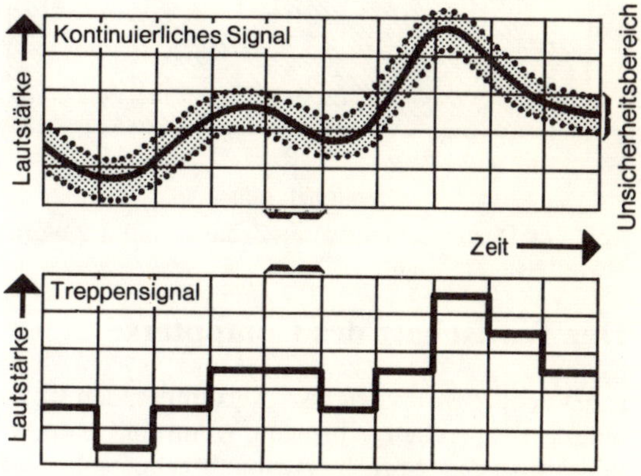

Abb. 21 a Digitalisierung eines analogen Signals
Ein kontinuierliches Signal kann ohne Informationsverlust durch ein Treppensignal ersetzt werden, wenn die Schnitte hinreichend klein sind. Diese doppelte Quantisierbarkeit eines Signals (zeitlich und amplitudenmäßig) macht es möglich, informationstragende Vorgänge (z. B. Musik, Sprache) oder Strukturen (z. B. Bilder) mit digitalen Methoden zu übertragen; beispielsweise als Ziffern- oder Buchstabenfolge, ohne daß hiermit ein Verlust von Details verbunden ist

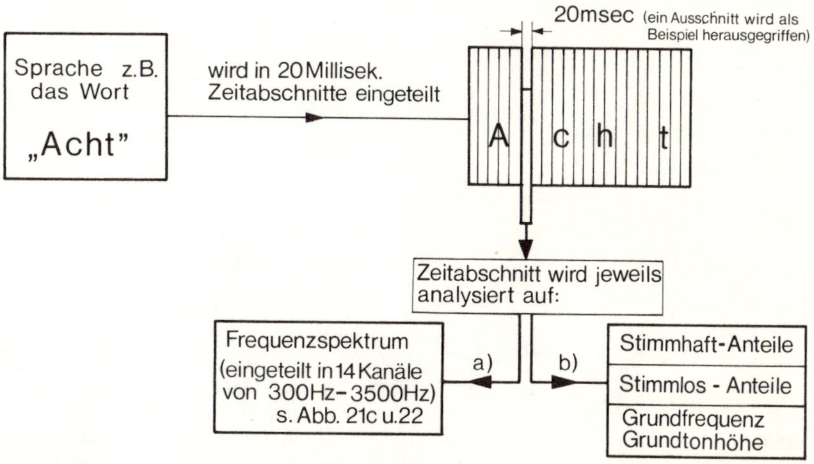

Abb. 21 b Beispiel der Digitalisierung von Sprache (System Siemens Vocoder)

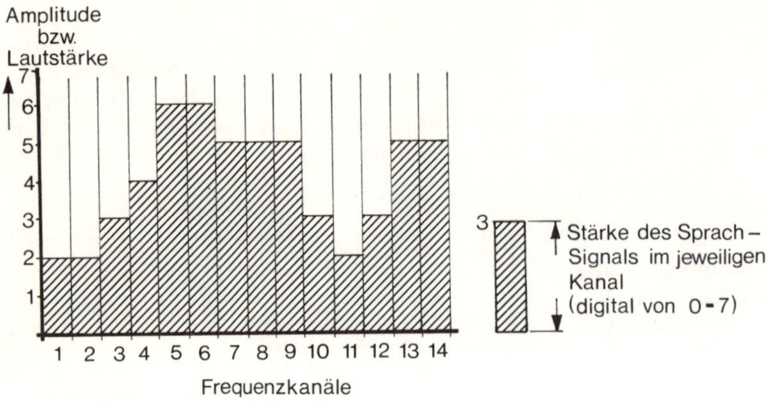

Abb. 21c Digitalisierter 20msec-Zeitabschnitt des Wortes „acht" (im Bereich des Vokals „a")

Kanal	Bandbreite
1	300 – 400 Hz
2	400 – 500 Hz
3	500 – 600 Hz
4	600 – 750 Hz
5	750 – 900 Hz
6	900 – 1050 Hz
7	1050 – 1250 Hz
8	1250 – 1450 Hz
9	1450 – 1650 Hz
10	1650 – 1950 Hz
11	1950 – 2250 Hz
12	2250 – 2550 Hz
13	2550 – 2950 Hz
14	2950 – 3500 Hz

Der Wortschatz des Computers

Ein Vocoder wird auch dazu verwendet, den Computer zum Sprechen zu bringen. Wenn ein Computer in gesprochener Sprache Auskunft geben soll, muß er über den dazu erforderlichen *Wortschatz* verfügen. Da die modernen Computer nur digitalisierte Signale verarbeiten können, müssen sämtliche benötigten Wörter in digitalisierter Form gespeichert werden. Da nun der erforderliche Speicherplatz für ein digitalisiertes Originalsignal sehr groß ist, wird das Originalsignal erst durch einen Analysator eines Vocoders geschickt und die entstehenden, einfacheren Parametersignale statt dessen verarbeitet (*Abb. 21a*).

Bei der Firma Siemens in München, die ein solches System entwickelt hat, funktioniert die Digitalisierung wie folgt: Es werden zum Aufbau des Systems

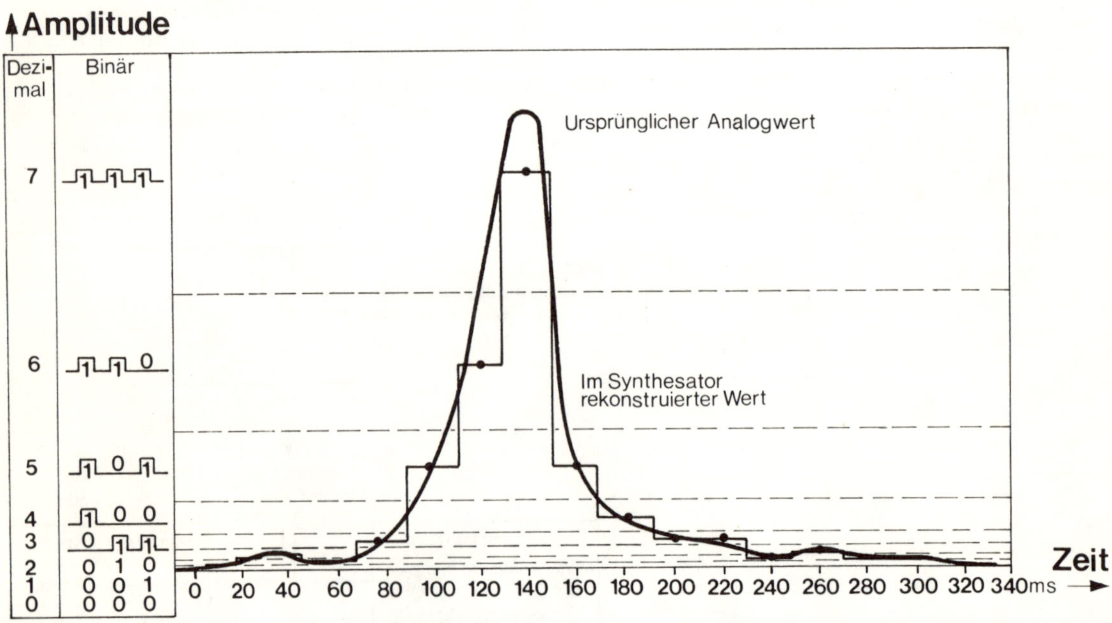

Abb. 21d Digitalisierung beim Vocoderverfahren. Die Amplitude jedes Kanals wird alle 20 ms gemessen. Dabei wird festgestellt, in welchem der acht logarithmisch gestuften Felder der Meßwert liegt. Der Wert dieses Feldes wird dann als dreistellige Binarzahl dargestellt (3 Bits)

Wörter und Silben in den Computer eingegeben. Dabei werden die Wörter in zeitliche Abschnitte von 20 msec (0,02 sec) zerlegt, d. h. gequantelt (*Abb. 21 b*). Diese Zerlegung erfolgt aber erst, nachdem das betreffende Wort über den Analysator eines Vocoders gelaufen ist. Genaugenommen werden also nicht die Originalsignale zeitlich zerlegt, sondern die Parametersignale. *Abbildung 21 b* zeigt die drei wesentlichen Informationen, die den Parametersignalen entnommen werden:

1. Alle 20 msec wird gemessen, ob das gerade vorliegende Wortsegment stimmhaft oder stimmlos ist.

2. Die Grundfrequenz wird in 32 Frequenzstufen gequantelt; es muß also für jedes Wortsegment gemessen werden, welche Frequenzstufe das betreffende Segment hat.

3. Das Spektrum wird in acht Amplitudenstufen gequantelt, wobei insgesamt vierzehn Filter bei verschiedenen Frequenzpositionen (300–3500 Hz) die Größe der Amplituden messen; pro Wortsegment wird also für die verschiedenen Frequenzpositionen einer der acht möglichen Amplitudenwerte bestimmt (*Abb. 21 c/d*).

Diese drei aus dem Sprachsignal gewonnenen Informationen werden in digitaler Form für jedes Wortsegment in den Computer eingegeben und gespeichert. *Abbildung 22* veranschaulicht diesen Vorgang. Man kann nun die digitalisierten Wörter auf Lochkarten ausgeben, was den Vorteil hat, daß so das Vokabular leicht vervielfältigt und für den gerade vorliegenden Anwendungsfall ausgewählt werden kann.

Abbildung 23 gibt eine digitale Druckerausgabe der drei Parameterinformationen aus dem Computer wieder. Diese Darstellung gilt für das Wort „Acht“. Von oben nach unten sind die Werte der einzelnen, 20 msec langen Wortsegmente für die drei Parameterinformationen angegeben. Die zeitliche Erstrekkung des Wortes „Acht“ erfolgt also in 20 msec-Abschnitten von oben nach unten. Links ist durch die Binärzahlen (sie bestehen nur aus Folgen von 0 und 1) die Tonhöhe aufgetragen, wobei jede Zeile die Werte genau eines 20 msec langen Wortsegmentes wiedergibt. Dabei bedeutet die Folge 000111 ein stimmloses Segment, während alle anderen Kombinationen stimmhafte Segmente mit 32 verschiedenen Tonhöhenstufen bedeuten.

Im Anschluß an die Tonhöhe sind die vierzehn Spektralkanäle aufgetragen, wobei jeder Kanal pro Wortsegment acht mögliche Amplitudenstufen annehmen kann, die durch die Ziffern von 1 bis 8 eingetragen sind.

Abb. 22 Der Analysator eines Vocoders in Verbindung mit einem Computer

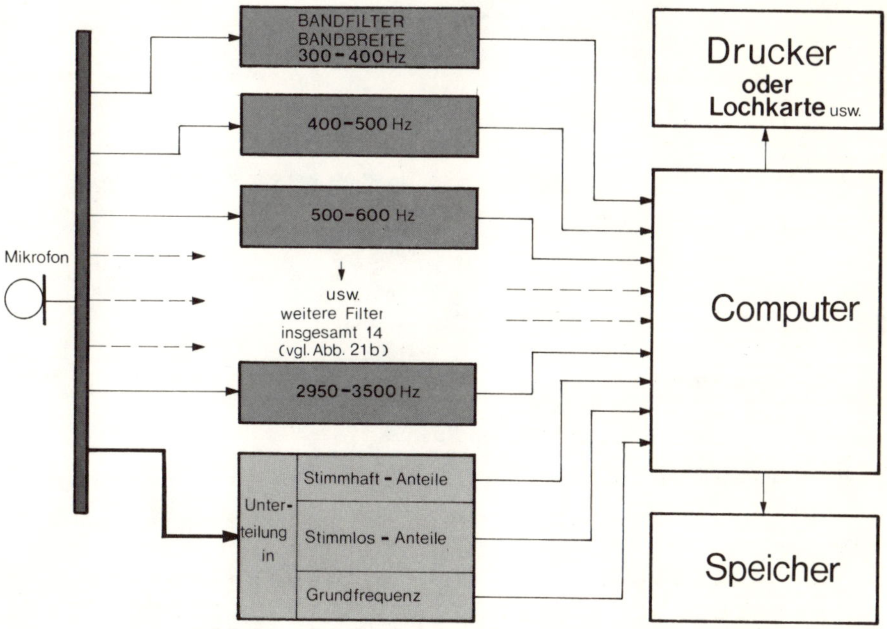

ACHT

ADR.	TONHOEHE 543210	1 (300Hz)	2 (400Hz)	3 (500Hz)	4 (600Hz)	5 (750Hz)	6 (900Hz)	7 (1050Hz)	8 (1250Hz)	9 (1450Hz)	10 (1650Hz)	11 (1950Hz)	12 (2250Hz)	13 (2550Hz)	14 (2950Hz – 3000 Hz)	
		SPEKTRALKANAL NR.														
3A05	011001	0	0	0	0	0	0	0	0	0	0	0	0	0	0	
3A0B	100000	0	0	0	0	0	0	0	0	0	0	0	0	0	0	
3A11	000111	0	0	0	0	0	0	0	0	0	0	0	0	0	0	Pause
3A17	000111	0	0	0	0	0	0	0	0	0	0	0	0	0	0	
3A1D	000111	0	0	0	0	0	0	0	0	0	0	0	0	0	0	
3A23	011011	0	0	0	0	0	0	0	0	0	0	0	0	0	0	
3A29	000111	0	0	0	0	0	0	0	0	0	0	0	0	0	1	
3A2F	000111	0	0	0	1	0	0	0	2	1	0	0	2	3	3	
3A35	100010	2	3	2	5	5	3	4	5	4	2	4	5	5	4	
3A3B	100010	3	3	4	6	5	4	5	6	5	3	5	6	5	4	
3A41	100000	3	4	4	7	6	4	5	7	4	3	5	6	6	5	a
3A47	011111	4	4	5	7	6	4	5	7	4	3	4	5	6	5	
3A4D	100000	4	4	5	6	7	4	6	6	4	3	4	5	5	5	
3A53	100001	4	5	5	7	6	5	6	7	4	3	4	5	5	5	
3A59	100100	5	5	5	7	6	5	6	6	4	3	3	4	5	5	
3A5F	100110	5	4	5	6	6	4	5	5	3	2	2	2	3	3	
3A65	100111	4	3	4	4	4	3	3	3	2	0	1	1	2	2	
3A6B	100101	2	1	2	2	2	1	2	2	1	0	0	0	1	2	
3A71	000111	1	1	1	2	1	2	3	3	1	0	0	0	2	3	
3A77	000111	0	0	1	0	0	1	3	3	2	0	0	0	1	3	
3A7D	000111	1	1	1	1	1	1	2	3	1	0	0	0	0	3	ch
3A83	000111	0	0	0	0	0	1	3	3	1	0	0	0	1	3	
3A89	000111	0	1	1	0	0	0	2	3	0	0	0	0	0	2	
3A8F	011110	0	0	1	0	0	0	2	2	1	0	0	0	0	1	
3A95	011100	0	0	0	0	0	1	2	2	1	0	0	0	0	1	
3A9B	000111	0	0	0	0	0	0	1	2	1	0	0	0	0	2	
3AA1	000111	0	0	0	0	0	0	0	0	0	0	0	0	0	0	
3AA7	011111	0	0	0	0	0	0	0	0	0	0	0	0	0	0	
3AAD	000111	0	0	0	0	0	0	0	0	0	0	0	0	0	0	Pause
3AB3	011111	0	0	0	0	0	0	0	0	0	0	0	0	0	0	
3AB9	000111	0	0	0	0	0	0	0	0	0	0	0	0	0	0	
3ABF	000111	0	0	0	0	0	0	0	0	0	0	0	0	0	0	
3AC5	000111	0	0	0	0	0	0	0	0	0	0	0	0	0	1	
3ACB	000111	0	0	0	1	1	1	1	1	1	1	1	1	2	3	
3AD1	000111	1	1	1	0	0	0	0	0	0	1	2	1	2	4	t
3AD7	000111	0	0	0	0	0	0	0	0	1	2	2	2	3	4	
3ADD	000111	0	1	0	0	0	0	1	1	2	2	2	2	3	4	
3AE3	000111	0	1	0	1	1	1	0	1	1	3	2	2	3	4	
3AE9	000111	0	1	1	0	0	1	0	1	1	2	1	1	2	3	
3AEF	000111	0	1	0	0	0	0	0	1	0	1	1	1	1	2	
3AF5	000111	0	1	1	0	0	0	0	0	0	0	0	0	0	0	
3AFB	001100	0	0	0	0	0	0	0	0	0	0	0	0	0	0	
3B01	000111	0	0	0	0	0	0	0	0	0	0	0	0	0	0	
3B07	000111	0	0	0	0	0	0	0	0	0	0	0	0	0	0	
3B0D	011100	0	0	0	0	0	0	0	0	0	0	0	0	0	0	
3B13	011010	0	0	0	0	0	0	0	0	0	0	0	0	0	0	
3B19	000111	0	0	0	0	0	0	0	0	0	0	0	0	0	0	

Tonhöhensignal (Grundfrequenz)
Die Zahlenkombination 000 111
deutet auf stimmlose Laute hin

Abb. 23 Digitale Druckausgabe der drei Parameterinformationen aus dem Computer

Die „Artikulation“ des Computers

Der Computer hat nun alle erforderlichen Wörter als Wortschatz in digitaler Form gespeichert. Mit Hilfe eines *Programms,* d. h. einer Liste von Anweisungen an den Computer, können diese Wörter nun beliebig zusammengestellt werden und über einen Synthesator eines Vocoders akustisch ausgegeben werden. Bei der Zusammenstellung der Wörter aus dem Speicher ist es von erheblicher Bedeutung, daß der Speicher eine schnelle Zugriffszeit besitzt, d. h. daß in sehr kurzer Zeit jedes beliebige im Wortschatz vorkommende Wort aufgefunden werden kann. Für diese Zwecke werden *Magnetplattenspeicher* verwendet.

Die Erzeugung der künstlichen Signale im Synthesator ist im Prinzip in *Abbildung 24* dargestellt.

Automatische Spracherkennung, ein ungelöstes Problem?

Es wurde bereits gesagt, daß die zweiseitige sprachliche Kommunikation mit einem Computer bisher noch nicht möglich ist. Das liegt daran, daß das Problem der *automatischen Spracherkennung* noch nicht völlig gelöst ist. Man müßte nämlich einen Automaten konstruieren, der fast alle Wörter einer natürlichen Sprache erkennen kann. Wenn man sich jedoch zur Erkennung auf einen festen Wortschatz von etwa 300–400 Wörtern beschränkt, so dürfte dieses Problem sicher in naher Zukunft zu lösen sein. Die Vorteile eines solchen „verstehenden“ Automaten liegen auf der Hand. Einem Computer könnten Programme und Daten ohne den zeitraubenden Umweg über Lochkarten direkt „mitgeteilt“ werden.

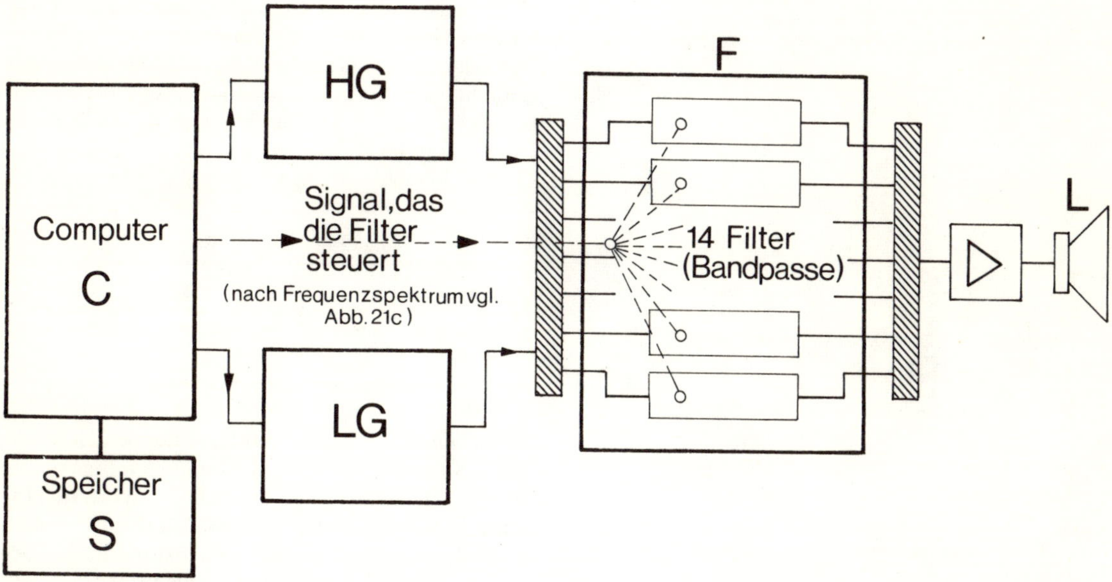

Abb. 24 Der sprechende Computer
Syntheseteil eines Vocoders, in dem aus den digitalisierten Sprachsignalen mit Hilfe eines Stimmhaft-Stimmlos-Generators und einer Filtereinheit wieder die Sprache erzeugt wird
S = Speicher, in dem die digitalen Sprachsignale des gesamten Wortschatzes bereitstehen; C = Steuerteil des Computers; HG = Stimmhaft-Generator, erzeugt die Töne für stimmhafte Laute. Er wird in seiner Frequenz vom Tonhöhensignal (Grundfrequenz) gesteuert. LG = Stimmlos-Generator für die stimmlosen Anteile der Sprache (z. B. „sch“, „f“ usw.). Es handelt sich um einen Generator, der ein Breitbandrauschen erzeugt: das Geräusch ist etwa mit dem Geräusch zu vergleichen, das entsteht, wenn Erbsen in eine Schüssel geschüttet werden;
F = Filtereinheit; bei der Sprachsynthese wird derselbe Filtersatz verwendet wie bei der Analyse (vgl. Abb. 22);
▷ = Verstärker; L = Lautsprecher

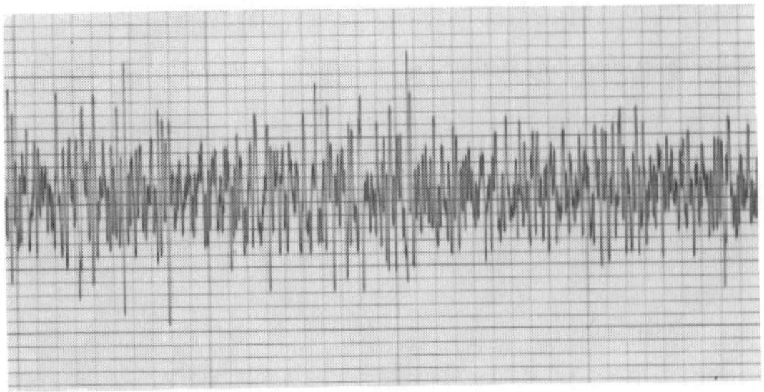

a)

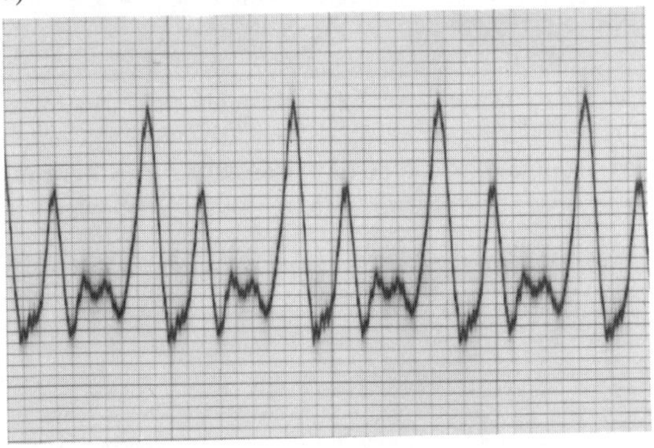

b)

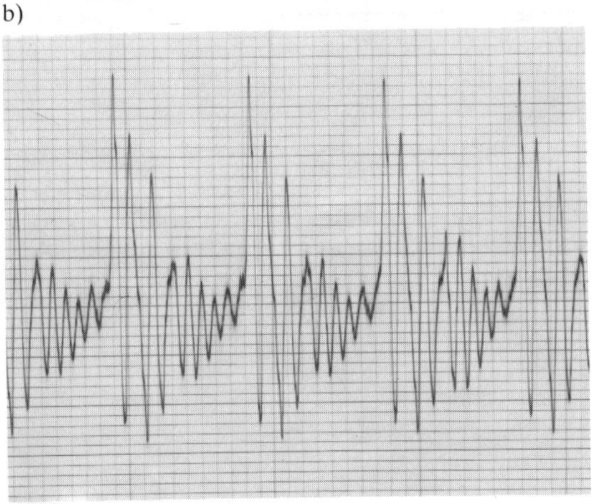

c)

Abb. 25 Oszillogramm eines a) sch-Lauts, b) o-Lauts, c) a-Lauts

Allgemein ließen sich Maschinen durch Zuruf steuern. Eine Menge lästiger Schreibarbeiten könnte vermieden werden, wenn gesprochene Sprache automatisch als geschriebener Text ausgegeben werden könnte.

Um zu verstehen, wie derartige Geräte zur automatischen Spracherkennung funktionieren, bzw. funktionieren können, sehen wir uns zunächst noch einmal die Oszillogramme verschiedener Sprachlaute an (*Abb. 25a–c*). Die Sprachsignale unterscheiden sich für unterschiedliche Sprachlaute durch unterschiedliche Struktur. Bei den einen sind z. B. regelmäßig wiederkehrende Abschnitte erkennbar, während dies bei anderen nicht der Fall ist. Die Regelmäßigkeit tritt offensichtlich bei stimmhaften Sprachlauten auf. Will man aufgrund der Stimmhaftigkeit beispielsweise „a" und „sch" unterscheiden, so gelingt dies durchaus. Jedoch können „a" und „o" mit Hilfe der Stimmhaftigkeit nicht unterschieden werden. D. h. alle vorkommenden Sprachlaute können mit Hilfe der Stimmhaftigkeit in zwei Sprachlautklassen zerlegt werden: in die stimmhaften Laute wie „a", „e", „m", „n" usw. und die stimmlosen wie „s", „f", „h" usw.

Wenn wir eine Apparatur hätten, bei der immer dann ein Lämpchen aufleuchtet, wenn die Struktur des eingegebenen Sprachsignals nahezu periodisch ist, so wäre das Aufleuchten bzw. Verlöschen des Lämpchens ein Parametersignal dafür, ob der vorliegende Sprachschall stimmhaft ist oder nicht. Ein solches Gerät, das genau das Geforderte leistet, gibt es unter dem Namen *Stimmhaftdetektor.*

Zur weiteren Unterscheidung des Sprachsignals braucht man zusätzliche Unterscheidungs*merkmale,* beispielsweise für Geräuschhaftigkeit. Auch dafür gibt es ein Gerät; es zeigt das Vorhandensein von Geräuschlauten wie „sch", „f", „s", „x" usw. an.

	Tasche	Saal	Reise	Tasse
stimmhaft	−	+	+	−
geräuschhaft (stimmlos)	+	−	+	+

Abb. 26 Worterkennung durch Merkmale

Abbildung 26 zeigt, wie mit Hilfe der beiden Merkmale *Stimmhaftigkeit* und *Geräuschhaftigkeit* ein Wortschatz S, bestehend aus den vier Wörtern „Tasche", „Saal", „Reise", „Tasse", erkannt werden kann: Leuchtet der Stimmhaftdetektor auf, der Geräuschdetektor jedoch nicht, so muß das Wort „Saal" gesprochen worden sein; vorausgesetzt allerdings, daß ein Wort des Wortschatzes S und nicht ein anderes Wort gesprochen wurde. Das Wort „Tal", das nicht zum Wortschatz S gehört, würde beispielsweise dieselbe Kombination erzeugen, ist also mit den beiden verwendeten Detektoren von dem Wort „Saal" nicht zu unterscheiden.

Es wäre nun denkbar, dieses Unterscheidungsverfahren durch Hinzufügung weiterer Merkmaldetektoren so weit fortzusetzen, bis jeder Sprachlaut identifiziert werden kann. Dies stößt bisher jedoch auf erhebliche Schwierigkeiten; und zwar nicht zuletzt deshalb, weil die Verhältnisse bei zusammenhängend gesprochenen Sprachlauten – etwa bei ganzen Wörtern oder Sätzen – wesentlich komplizierter sind. Dennoch gibt es schon funktionierende Versuchsgeräte, die einen beschränkten Wortschatz von 100 oder mehr Wörtern unterscheiden können. In *Abbildung 27* sind die einzelnen Detektoren durch

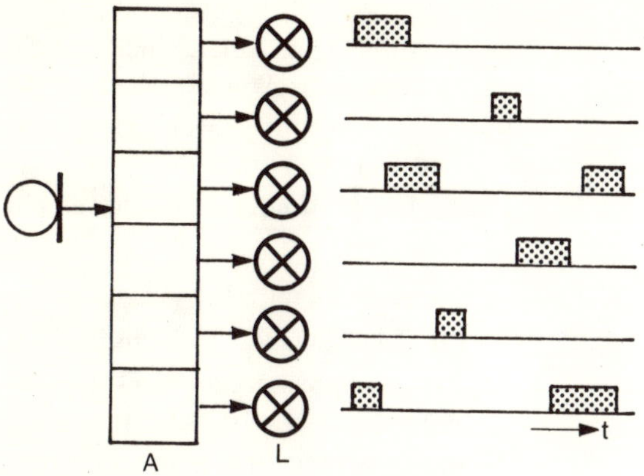

Abb. 27 Analysator eines Erkennungsgerätes

Kästchen dargestellt; jeder Kasten ist mit einem Lämpchen verbunden, das durch Aufleuchten das Vorhandensein einer bestimmten Eigenschaft anzeigt. Diese Detektoren sind zwar nicht in der Lage, jeden einzelnen Laut zu identifizieren; trotzdem kann ein solcher Apparat gesprochene Sprache automatisch erkennen, und zwar auf folgende Weise: Wird ein Wort dem Analysator über Mikrofon eingegeben, so leuchten mit dem zeitlichen Verlauf des Wortes die entsprechenden Lämpchen auf, die die jeweils vorhandenen Eigenschaften des Sprachschalls anzeigen, und sie verlöschen wieder, sobald die Eigenschaft nicht mehr vorhanden ist. Es entspricht also jedem gesprochenen Wort eine ganz bestimmte Verteilung solcher Rechteckimpulse.

Das bedeutet jedoch, daß nur dann zwei Wörter durch den Automaten unterschieden werden können, wenn ihnen zwei verschiedene Verteilungen solcher Impulse entsprechen. Erzeugen zwei verschiedene Wörter dagegen dieselbe Verteilung von Impulsen, weil die im Analysator verwendeten Detektoren nicht ausreichen, die Unterschiede zwischen den beiden Wörtern festzustellen, so sind für den Automaten diese beiden verschiedenen Wörter nicht unterscheidbar, d. h. sie gelten als gleich. Man muß daher von vornherein den Wortschatz, aus dem die zu erkennende Sprache bestehen soll, auf solche Wörter beschränken, die der Automat aufgrund seiner Fähigkeit unterscheiden kann; es dürfen also keine Wörter verschiedener Bedeutung vorkommen, die für den Automaten ununterscheidbar sind.

Zusammenfassend läßt sich sagen:

Das Problem der automatischen Spracherkennung besteht darin, genügend Merkmaldetektoren zu konstruieren, damit ein hinreichend großer, fester Wortschatz unterschieden werden kann, d. h. verschiedene Wörter des Wortschatzes verschiedene Merkmalkombinationen erzeugen.

Übungsaufgaben

1. Sprachlaute sind
   - [ ] a) laut gesprochene Wörter
   - [ ] b) Phoneme
   - [ ] c) die kleinsten, bedeutungsunterscheidenden Merkmale von Sprachsignalen

2. Beispiele für menschliche Sprechwerkzeuge sind
   - [ ] a) Mikrofon, Lautsprecher
   - [ ] b) Lippen, Kiefer, Zunge
   - [ ] c) Vocoder

3. Das Ansatzrohr ist
   - [ ] a) das Mundstück von Blasinstrumenten
   - [ ] b) der Schalltrichter einer Zugposaune
   - [ ] c) der Hohlraum, der durch die menschlichen Sprechwerkzeuge gebildet wird

4. Unter Artikulation versteht man
   - [ ] a) eine besonders deutliche Sprechweise
   - [ ] b) die Bildung des Sprachschalls durch gezielte Veränderungen des Ansatzrohrs
   - [ ] c) eine verständliche Ausdrucksweise komplizierter Gedanken

5. Mit Hilfe der Fourieranalyse gewinnt man
   - [ ] a) das Oszillogramm einer komplizierten Schwingung
   - [ ] b) die Merkmalkombinationen, um künstliche Sprache zu erzeugen
   - [ ] c) das Spektrum von Schwingungen

6. Unter Geräuschblöcken versteht man
   - [ ] a) charakteristische Schwärzungen im Sonagramm von Geräuschlauten
   - [ ] b) Bereiche, in denen für die Ohren schädliche, laute Geräusche vorhanden sind
   - [ ] c) die Frequenz der Stimmbänder bei der Artikulation von Geräuschlauten

7. Die Heliumsprache muß „entzerrt“ werden, weil
   - [ ] a) die Sprachlaute so leise sind, daß die Geräusche des Wassers stören
   - [ ] b) die Formantfrequenzen zu niedrig sind
   - [ ] c) die Formantfrequenzen höher liegen als normal

8. Ein Vocoder ist ein Gerät
   - [ ] a) zur Entzerrung von Heliumsprache
   - [ ] b) das als „Sprechorgan“ eines Computers verwendet werden kann
   - [ ] c) das künstliche Sprache erzeugt

9. Die automatische Spracherkennung beruht im Prinzip auf
   - [ ] a) der Unterscheidbarkeit von Wörtern eines festen Wortschatzes
   - [ ] b) den verschiedenen Bedeutungen von Wörtern
   - [ ] c) der Fähigkeit von Computern, Sprache verarbeiten zu können

10. Sprachliche Kommunikation mit einem Computer ist
    - [ ] a) grundsätzlich nicht möglich
    - [ ] b) schon längst realisiert
    - [ ] c) bisher nur einseitig möglich, weil die Probleme der automatischen Spracherkennung noch nicht hinreichend gelöst sind

4. HiFi-Technik

Der menschliche Wunsch, Sprache und Musik über Raum und Zeit hinwegzubefördern, ist uralt. Denken wir nur an das eingefrorene Trompetensolo des Barons von Münchhausen. Erfüllt hat sich dieser Wunsch aber erst vor rund hundert Jahren.

Geschichtliches

Für die Überwindung des Raumes mußten Sprache und Musik – also die Schallschwingungen der Luft – erst in eine transportfähige Form umgewandelt werden. Dazu bot sich vor allem der elektrische Strom an. Das erste Mikrofon erfand der Deutsche *Philipp Reis* im Jahre 1860 – das sogenannte *Kontaktmikrofon.* Man kann es gut als einen zum Prinzip erhobenen Wackelkontakt bezeichnen: Die als Schallwelle aufeinanderfolgenden Luftverdichtungen und -verdünnungen lassen einen hauchzart eingestellten Kontakt entsprechend den Schallwellen sich öffnen oder schließen.

Eine entscheidende Verbesserung erfuhr dieses Prinzip durch den Amerikaner *David Edward Hughes,* der im Jahre 1878 das *Kohlemikrofon (Abb. 1)* erfand: Hier tritt an die Stelle eines Wackelkontaktes eine Vielzahl von Wackelkontakten. Sie wurden durch lose aufeinanderruhende Kohlegrießkörnchen bewirkt, die zwischen einer Membran und einer starren Gegenelektrode eingebettet sind. Luftverdichtungen drücken die Membran nach innen und lassen die Grießkörnchen enger aneinanderrücken; Luftverdünnungen lassen sie lockerer werden. Entsprechend verändert sich der aus einer Batterie hindurchfließende Strom. Diese Stromänderungen sind also ein mehr oder weniger getreues Abbild des Schalls, der auf dieses Kohlemikrofon trifft. Übrigens sind praktisch alle Fernsprechapparate auf der ganzen Welt heute noch mit Kohlemikrofonen dieser Art ausgestattet.

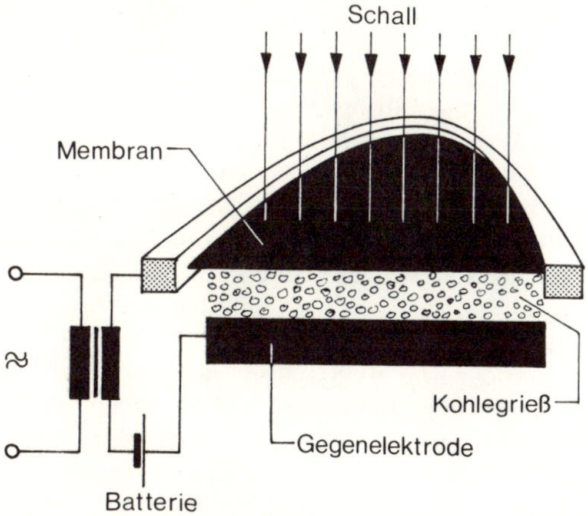

Abb. 1 Prinzip Kohlemikrofon

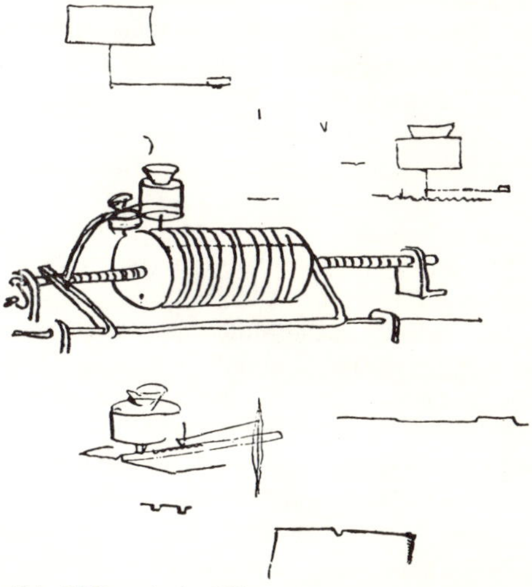
Abb. 2 Historische Skizzenzeichnung für den ersten Edison-Phonographen

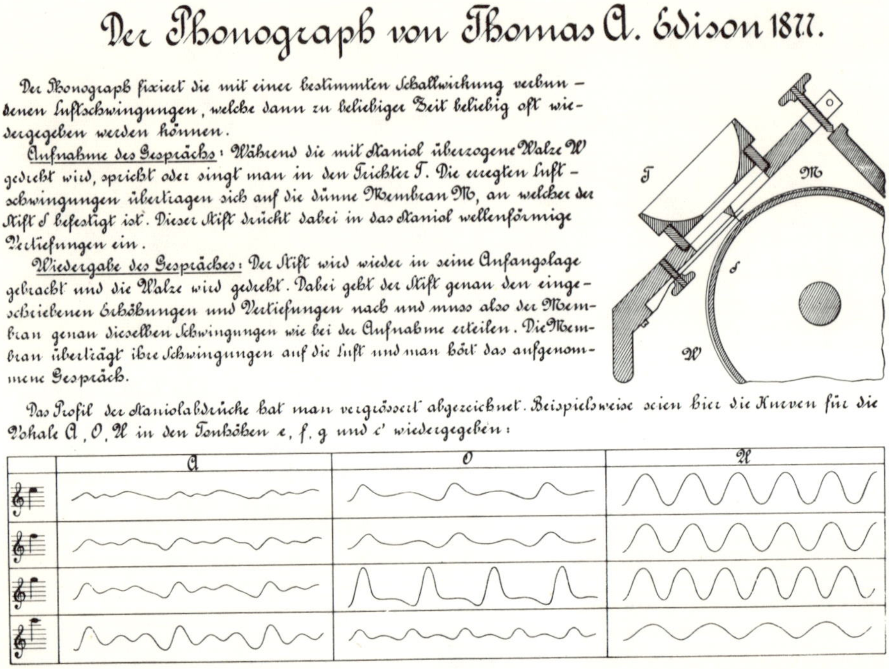

Abb. 3

Für die Überwindung der Zeit mußten Sprache und Musik in geeigneter Weise „eingefroren“ werden. Im Jahre 1878 legte *Thomas Alva Edison* seinem Versuchsmechaniker eine Skizze (*Abb. 2*) mit einigen mündlichen Erläuterungen vor, nach der dieser tüchtige Mann in wenigen Tagen den ersten „Phonographen“ anfertigte: Das Gerät besteht aus einer mit Stanniol bespannten Walze, die von einer Kurbel in gleichmäßige Umdrehungen versetzt wird. Die Achse dieser Walze ist mit einem Gewinde versehen, auf dem ein Schlitten läuft. Beim Drehen der Walze wird dieser Schlitten also langsam weitergeschoben. Damit bewegt sich auch die oben auf der Walze ruhende Schalldose weiter, die als wichtigsten Bestandteil eine Membran mit einer darauf befestigten spitzen Nadel trägt (*Abb. 3*).
Solange kein Schall auf die Membran trifft, schneidet diese Nadel in die mit Stanniolfolie belegte Oberfläche der Walze eine gleichmäßig tiefe schraubenförmige Rille. Sobald aber jemand gegen die Membran spricht oder singt, wird die Membran und damit auch die daran befestigte Nadel in entsprechende Schwingungen versetzt. Dadurch ändert sich auch ständig die Tiefe der Rille, die von der Nadel in die Stanniolfolie eingraviert wird. Das räumliche Hintereinander der Wellenbahn in der Stanniolfolie war ein für die damalige Zeit brauchbares Abbild des zeitlichen Nacheinander der Schallwellen, die die Membran getroffen hatten.
Setzt man nun die Nadel an den Anfang der Schallrille zurück und dreht die Walze wieder mit der ursprünglichen Umdrehungsgeschwindigkeit, so folgen die Nadel und damit auch die Membran der von der Nadel selbst geschnittenen Berg- und Talbahn. Die Membran versetzt wiederum die umgebende Luft in gleichartige Schwingungen. Wir hören ein – bei dieser Technik freilich etwas verzerrtes – Duplikat des ursprünglich aufgenommenen Schallereignisses. Derartige Edison-Phonographen für Aufnahme und Wiedergabe wurden sogar industriell gefertigt (*Abb. 4*). Später gab es auch reine Abspielgeräte, für die man vorbespielte Walzen, wie heute Schallplatten, kaufen konnte. Hätte sich diese Technik der Edison-Walzen jedoch durchgesetzt, wäre heute der rasche Kauf der jüngsten Schlager der Woche erheblich komplizierter.
Nun kam der in die USA ausgewanderte Deutsche *Emil Berliner* im Jahre 1887 auf die Idee, anstelle dieser Tonwalzen flache Scheiben zu verwenden und in sie den Ton in einer spiraligen Linie einzugravieren. Dabei tanzte die Nadel nicht mehr auf und ab, sondern hin und her. Diese „Grammophon“-Plat-

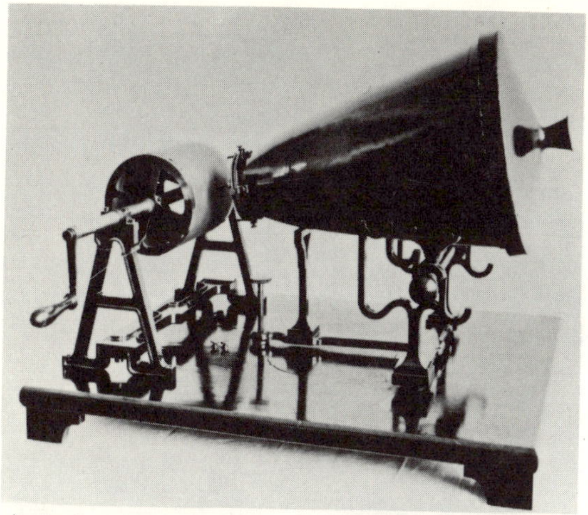

a)

b)

Abb. 4 a) Erste serienmäßige Ausführung des Edison-Phonographen für Aufnahme und Wiedergabe; b) Edison-Phonograph um die Jahrhundertwende

ten waren erheblich leichter zu transportieren und vor allem auch wirtschaftlicher in größeren Stückzahlen herzustellen. Abgespielt wurden diese Schallplatten zunächst auf überaus einfach wirkenden Geräten (*Abb. 5*), die durch eine gleichmäßige Kurbelbewegung von Hand angetrieben wurden. In der Bedienungsanleitung heißt es deshalb auch ausdrücklich: „Zur richtigen Handhabung des Grammophons

Abb. 5 Handbetriebenes Grammophon von Emil Berliner

ist es vor allen Dingen rathsam, sich baldigst ein gleichmäßiges Drehen der Handkurbel anzueignen."

Bald schon wurde der Handbetrieb durch ein Federwerk ersetzt, das zwar von Hand aufgezogen werden mußte, seinen gleichmäßigen Ablauf aber mit Hilfe von Fliehkraftreglern selbst regelte. Auch in diesen *Trichtergrammophonen (Abb. 6)* wurde die Nadel durch die in die Schellackmasse der Schallplatte mechanisch eingeprägte Tonspur direkt angetrieben. Die Bewegung dieser Nadel wird wieder auf eine Membran übertragen. Um die geringen Membranbewegungen möglichst verlustfrei an die umgebende Luft zu vermitteln, mußte man unförmige Trichter verwenden. Allerdings war die Qualität dieser direkten akustischen Übertragung ohne Zwischenschaltung von Verstärkern oder Lautsprechern für heutige Maßstäbe unzumutbar schlecht. Es bedurfte jahrzehntelanger Entwicklungsarbeit, bis die sehr schwere akustische Schalldose zunächst durch ein elektrisches Abtastsystem ersetzt, die Stahlnadel mit einer Spieldauer von nur einer Plattenseite durch eine Diamantnadel mit einer Spieldauer von 100 Stunden und die brüchige und rauschende Schellackplatte durch die flexiblere und rauscharme Langspielplatte abgelöst wurden.

Abb. 6 Trichtergrammophon mit Antrieb durch fliehkraftgeregeltes Federwerk

Abb. 8 Studio-Richtmikrofon für HiFi-Aufnahmen

Vom Originalton zur HiFi-Schallplatte

Fast am Ende dieser Entwicklung, so kann man heute feststellen, stehen der moderne HiFi-Plattenspieler und das moderne HiFi-Tonbandgerät. Beide sind dem theoretischen Ideal der *High Fidelity,* der hohen Wiedergabetreue, heute schon so nahe gekommen, daß Verbesserungen nun nur noch in winzigen Schritten zu erwarten sind. Die Achtung vor dieser technischen Leistung wird noch größer, wenn man sich den langen und komplizierten Weg vom Erklingen eines Tons bis zu seiner Wiedergabe über eine HiFi-Anlage vergegenwärtigt. In *Abbildung 7* ist dieser Weg systematisch dargestellt:

Das Orchester wird hier symbolisch durch *ein* Musikinstrument dargestellt. Nehmen wir an, auf dieser Klarinette wird das zweigestrichene C geblasen. Was bedeutet das? Die Klarinette gibt einen Ton von sich, der die Luft etwas mehr als fünfhundertmal pro Sekunde hin- und herschwingen läßt (ganz genau sind es 523 Schwingungen pro Sekunde oder 523 Hz). Mit der Schallgeschwindigkeit von etwa 330 m pro Sekunde breitet sich dieses zweigestrichene C aus. Schon nach wenigen Zentimetern trifft dieser Ton auf das erste Glied der langen HiFi-Kette: ein Studio-Richtmikrofon (*Abb. 8*). Nur ganz

Abb. 7 Lebenslauf eines Tons vom Erklingen bis zur Wiedergabe über eine HiFi-Anlage

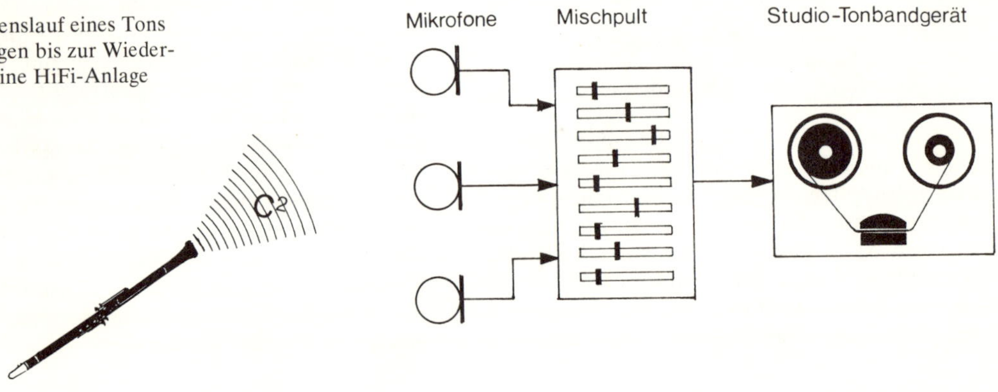

Abb. 9 Sinfonieorchester bei einer Schallplattenaufnahme

schwach ist der Schalldruck, den dieses Mikrofon in eine brauchbare elektrische Spannung umsetzen soll.

Mit einem *Mikrobar* drückt das zweigestrichene C gegen die hauchdünne Membran dieses Studio-Mikrofons. Ein Mikrobar entspricht dem Druck, den eine „Wassersäule" von einem hundertstel Millimeter Höhe auf eine Fläche von 1 cm^2 ausübt. Nur eine ganz zarte Bewegung von weniger als einem tausendstel Millimeter (= 1 µm) führt die Membran des Mikrofons nun aus. Und doch ist die elektrische Spannung, die das Studio-Mikrofon auf seine Anschlußleitung gibt, ein exaktes Ebenbild der Luftdruckschwankungen des zweigestrichenen C an der Membran dieses Mikrofons. Diese abgegebene Spannung ist nun der elektrische Zwillingsbruder des schon verklingenden zweigestrichenen C.

Nahezu mit der Lichtgeschwindigkeit von 300 000 km pro Sekunde eilt dieser elektrische Zwillingsbruder des zweigestrichenen C zu einem Mischpult. Hier treffen auch gleichzeitig die elektrischen Spannungen der anderen Mikrofone ein, die vor den verschiedenen Instrumenten und Instrumentengruppen des begleitenden Orchesters (*Abb. 9*) stehen. Der Toningenieur mischt nun das zweigestrichene C mit den gleichzeitig vom Orchester erzeugten Tönen so, daß sich der Klarinettensolist deutlich von seiner Begleitmusik abhebt. Weder darf das Klarinettensolo in dieser Begleitung untergehen, noch die Begleitung zu weit zurücktreten. Der elektrische Zwillingsbruder des zweigestrichenen C durchläuft in diesem Mischpult Hunderte von Transistoren.

Heraus kommt das richtige Gemisch. Mit einem Studio-Tonbandgerät wird es auf Band festgehalten und damit erst einmal fast unverlierbar konserviert. Die elektrischen Spannungsschwankungen werden dabei in aufeinanderfolgende Magnetisierungsänderungen auf diesem 6,25 mm breiten Tonband verwandelt. Wenn nötig, wird das vollständige Orchesterwerk durch Zusammenkleben von Ausschnitten verschiedener Tonbänder zusammengestellt.

Von diesem Tonband geht es nun weiter zur eigentlichen Herstellung der Schallplatte (*Abb. 10*). Der

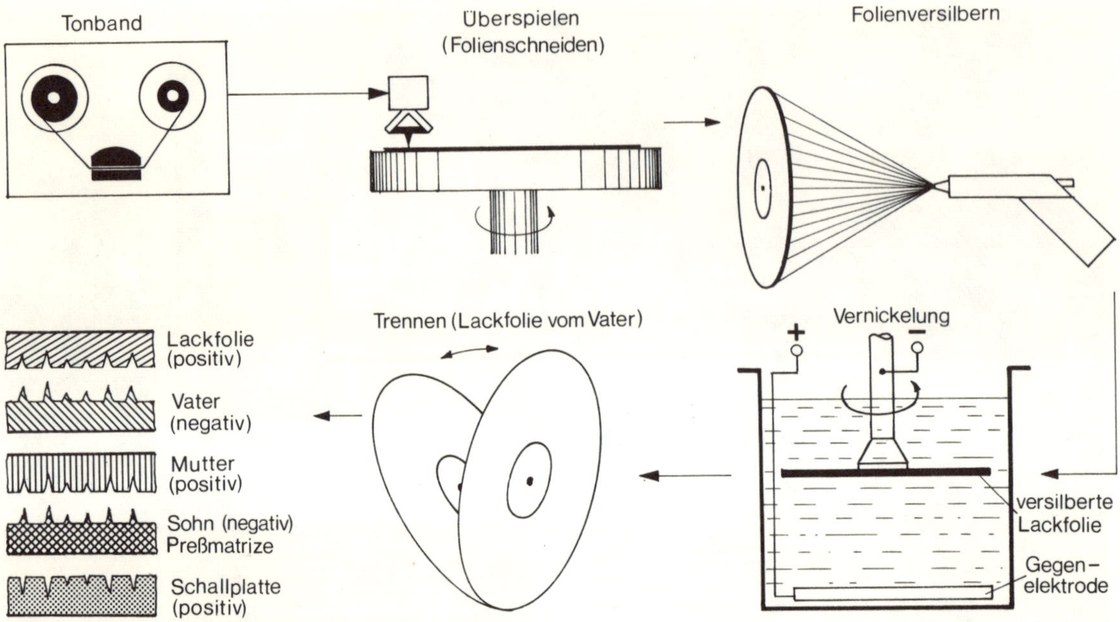

Abb. 10 Herstellung einer Schallplatte

magnetisch auf dem Tonband festgehaltene Ton wird wieder in eine elektrische Spannung rückverwandelt, abermals von vielen Transistoren verstärkt und einer Vorrichtung (*Abb. 11*) zugeführt, die in eine rotierende Lackfolie eine spiralig nach innen verlaufende Furche eingraviert. Unter dem Einfluß der elektrischen Spannung, die man eigentlich inzwischen als Drillingsbruder des zweigestrichenen C bezeichnen müßte, nimmt die sonst praktisch geradlinig verlaufende Furche den schon zuvor er-

Abb. 11 Gravur der Lackfolie (Überspielung vom Magnetband)

Abb. 12 Programmgesteuerte Anlage zur Silberbeschichtung

wähnten wellenförmigen Verlauf. Diese Wellenlinie ist abermals ein getreues Abbild sowohl der ursprünglichen Luftdruckschwankungen des zweigestrichenen C, des daraus geformten elektrischen Zwillingsbruders vor der Bandaufnahme wie auch des aus der Bandaufnahme wiederum hervorgegangenen elektrischen Drillingsbruders.

Das Ergebnis ist eine Schallplatte, die man sogar abspielen könnte. Allerdings nur ein einziges Mal – denn dann wäre ihre weiche Oberfläche von der Abtastnadel völlig zerstört. Deshalb versieht man diesen Kunststoff zunächst in einer programmgesteuerten Anlage (*Abb. 12*) mit einer fast nur atomstarken Silberschicht, wodurch sie elektrisch leitend wird. Diese Silberschicht wird anschließend so lange verkupfert, bis das Metall in sich haltbar ist. Wird jetzt die Kunststoffplatte entfernt, so bleibt eine Metallplatte übrig (*Abb. 13*), in der die vorher vertieften Rillen erhaben sind. Diese Platte bezeichnet man in der Fachsprache als „Vater".

Mit diesem „Vater" ließen sich durchaus schon

Abb. 13 Trennen der Lackfolie von der galvanisch aufgetragenen Nickelplatte („Vater")

Abb. 14 Schallplattenpreßvorrichtung mit eingefüllter Kunststoffmasse und oberem Etikett

Schallplatten pressen. Da er dabei aber abgenutzt wird und es ihn nur einmal gibt, fertigt man davon – wiederum durch Abkupfern – eine Kopie an, die man „Mutter" nennt. Die „Mutter" hat natürlich wieder vertiefte Rillen, so daß man mit ihr keine Schallplatten pressen kann. Aber die von der „Mutter" erneut abgekupferten „Söhne", von denen man gleich eine größere Menge herstellt, sind das genaue Ebenbild des „Vaters". Diese „Söhne" werden zur Serienfertigung der Schallplatten benutzt.

Zur Verdeutlichung des Herstellungsverfahrens

kann von einem Vergleich mit einem elektrisch beheizten Waffeleisen ausgegangen werden, dessen Oberteil man hochklappt, damit ein Löffel Teig eingefüllt werden kann, das dann wieder heruntergeklappt wird, so daß der Teig sich gleichmäßig über die ganze Fläche verbreitet und nach wenigen Sekunden als Waffel ausgebacken ist. So ähnlich fertigt man Schallplatten an (*Abb. 14*). Anstelle des Waffelmusters im Ober- und Unterteil wird je ein „Sohn“ mit erhabenen Rillen für die Vorder- und die Rückseite der Schallplatte eingespannt. Anstelle des Kuchenteigs wird zunächst das untere Etikett, dann ein Klumpen eines Spezialkunststoffs und darauf das obere Etikett eingefüllt.

Mit Druck und Hitze wird die Masse nun so verformt, daß sie den ganzen flachen Raum zwischen den beiden „Söhnen“ ausfüllt und sich dabei exakt den erhabenen Rillen der „Söhne“ anpaßt. Auch die Etiketten sind bei diesem Vorgang mit eingepreßt worden. Die fertige Schallplatte wird nun sehr gründlich geprüft. Das geschieht zunächst mit einer automatischen Abspielvorrichtung, in der ein kleiner Computer alle verdächtigen Stellen der Platte auf einen Papierstreifen überträgt. So brauchen die Prüfer nur diejenigen Stellen der Platte anzuspielen, die auf dem Papierstreifen vorgezeichnet sind. *Abbildung 15* und *16* zeigen Rillenformen moderner Schallplatten in Tiefen- und Seitenschrift, wobei in die rechte Flanke der rechte und in die linke Flanke der linke Stereokanal eingeprägt wird. Zur Aufzeichnungsmethode vgl. *Abbildung 17*.

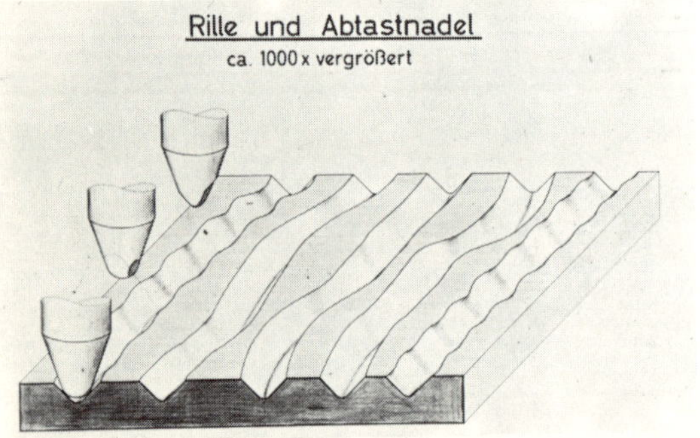

Abb. 15 Rillenformen moderner Schallplatten
1. Rille: Tiefenschrift; 2. bis 4. Rille: Seitenschriften; 5. Rille: Stereorille mit unterschiedlicher Form der rechten und linken Flanke

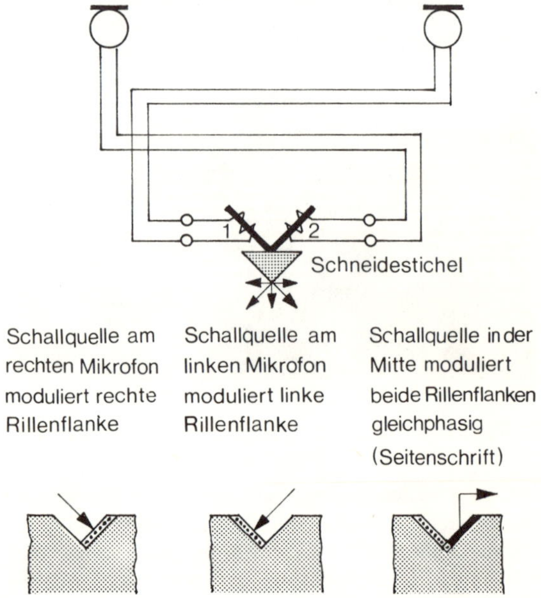

Abb. 17 Prinzip der Stereoaufzeichnung

Abb. 16 Mikroskopaufnahmen von Schallplattenrillen

Qualitätsmerkmal: Frequenzumfang

Wir dürfen ganz sicher sein, daß an der richtigen Stelle dieser Schallplatte immer noch ein naturgetreues Ebenbild des ursprünglichen zweigestrichenen C mit 523 Hz zu finden ist. Die Aufgabe lautet nun, diesen „eingefrorenen“ Ton in einer Qualität wieder hörbar zu machen, die dem Original so nahe wie möglich kommt, also in HiFi-Qualität. Die wichtigste Voraussetzung dafür ist die vollständige Übertragung aller im ursprünglichen Klangbild enthaltenen Töne, soweit der Mensch sie hören kann.

TONUMFANG UND OBERTÖNE VERSCHIEDENER MUSIKINSTRUMENTE UND STIMMEN

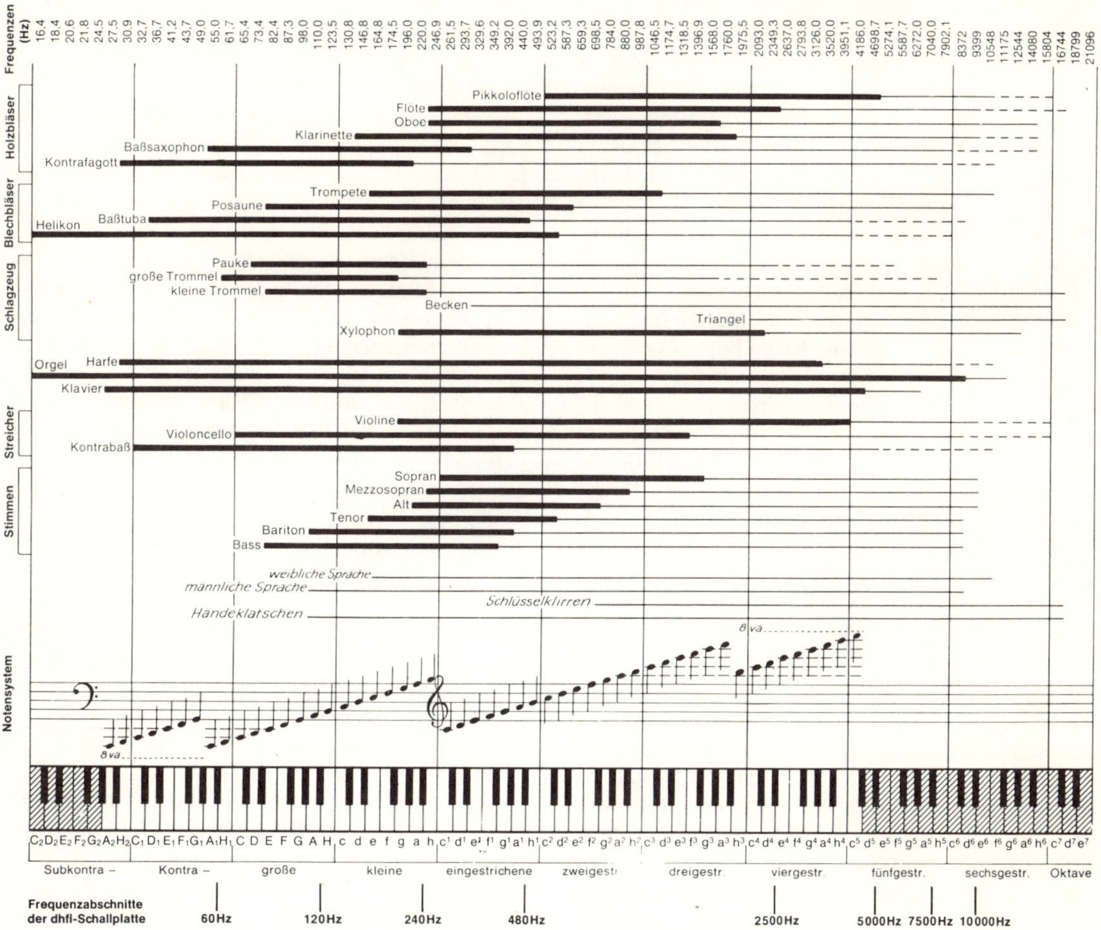

Abb. 18 Typischer Frequenzumfang verschiedener Tonquellen

In *Abbildung 18* ist der Frequenzumfang verschiedener Tonquellen, darunter vor allem der Musikinstrumente, grafisch dargestellt; und zwar jeweils dick ausgezogen der für die Grundtöne und dünn der für die sich daran anschließenden Obertöne (vgl. auch Kap. 2). Die Stärke und die Sortierung dieser Obertöne bestimmen die typische Klangfarbe des einzelnen Musikinstrumentes. Beispielsweise liegt der tiefste Ton des Kontrabasses bei 32,7 Hz, während die höchsten Obertöne des Triangel bis zu 16000 Hz reichen.

Ob Sie diesen gesamten Frequenzumfang auch tatsächlich noch wahrnehmen können, hängt von Ihrem Alter ab. Während das Gehör des Menschen bei den tiefen Tönen praktisch das ganze Leben unverändert bleibt, beginnt es für hohe Töne schon beim Baby zu „vergreisen". Babys nehmen noch Töne bis zu 20000 Hz mühelos wahr. In grober Annäherung läßt sich dann feststellen, daß die obere Hörgrenze des Menschen mit jedem Jahrzehnt seines Lebens um etwa 2000 Hz absinkt. Der Zehnjährige hört noch bis 18000 Hz, der Zwanzigjährige bis 16000 Hz, der Dreißigjährige bis 14000 Hz, der Vierzigjährige bis 12000 Hz, der Fünfzigjährige bis 10000 Hz und der Sechzigjährige bis 8000 Hz. Beträchtliche Abweichungen beim einzelnen Menschen sind durchaus möglich (vgl. dazu auch Kap. 5).

Wer Anlaß zu der Vermutung hat, daß sein Hörvermögen gegenüber dem Durchschnitt seiner Altersgruppe erheblich nachgelassen hat, sollte einen der zahlreichen Hörgeräte-Akustiker-Fachbetriebe aufsuchen. Dort wird man – in der Regel kostenlos – eine unverbindliche audiometrische Untersuchung vornehmen, in der grafisch dargestellt wird, wie gut das Hörvermögen noch ist. Sollte sich dabei herausstellen, daß Ihr Hörvermögen tatsächlich angegriffen ist, sollten Sie einen HNO-Arzt konsultieren, der die Ursachen und mögliche Abhilfemaßnahmen ergründen müßte.

Am anderen Ende der Frequenzskala, also bei den tiefen Tönen, ist das Gehör des Menschen im allgemeinen nicht altersabhängig. Einen Begriff vom Zusammenhang zwischen Tonhöhen und Frequenzangaben verschaffen folgende Angaben: Die weibliche Sprechstimme hat eine Grundfrequenz von etwa 240 Hz, während die männliche Sprechstimme um eine Oktave tiefer bei 120 Hz liegt. Noch eine Oktave tiefer, also bei 60 Hz, liegt der tiefste Grundton des Cello. Und wenn wir gar noch eine weitere Oktave nach unten gehen, also den tiefsten Grundton des Kontrabaß mit einer Frequenz von 30 Hz erzeugen, so versagt schon manche HiFi-Anlage, weil sie nach DIN 45500 nur bis 40 Hz abzustrahlen braucht.

Alle diese Töne werden jedoch praktisch in jedem klassischen und modernen Musikstück vom Komponisten verwendet. Sie werden vom Orchester gespielt und auf dem oben beschriebenen Wege mit absoluter Sicherheit in den Rillen der Schallplatte festgehalten. Achten Sie deshalb bei der Anschaffung einer HiFi-Anlage auf jeden Fall darauf, daß der vom Plattenspieler-Abtastsystem bis zum Lautsprecher der Anlage übertragene Frequenzumfang mindestens den Forderungen der HiFi-Norm DIN 45500 entspricht. Entsprechende Angaben sind in den Prospektunterlagen der Hersteller enthalten. Eine hervorragende Möglichkeit zur subjektiven Beurteilung des von einer HiFi-Anlage übertragenen Frequenzbereiches bietet übrigens die vom Braun-Verlag in Karlsruhe vertriebene dhfi-Vorführplatte Nr. 1 (siehe Literaturverzeichnis).

Aber es gibt neben dem notwendigen Frequenzumfang noch weitere wichtige Qualitätskriterien einer HiFi-Anlage, von denen die *Dynamik*, der *Klirrfaktor* und die *Tonhöhenschwankungen* die wichtigsten sind. Dabei dürfte der Plattenspieler in Verbindung mit dem Abtastsystem der am meisten qualitätsbestimmende Baustein der HiFi-Übertragungskette sein.

Qualitätsmerkmal: Dynamik

Beispielsweise ist das *Rumpeln* – eine Beeinträchtigung der Dynamik – ein störendes Merkmal von Schallplattenabspielgeräten. Es klingt ähnlich einem dumpfen Grollen wie beim gleichmäßigen Ausschütten eines Sackes Kartoffeln in eine Kartoffelkiste. Es ist also ein vom Plattenspieler und häufig auch von der Schallplatte zusätzlich erzeugtes Geräusch in den tiefen Frequenzen. Rumpeln entsteht entweder durch Erschütterung des Plattentellers mit der daraufliegenden Schallplatte gegenüber dem Abtastsystem oder durch eine Erschütterung des Abtastsystems gegenüber der Schallplatte. Die Quelle etwaigen Rumpelns ist häufig der Antriebsmotor, aber auch die akustische Rückwirkung des Lautsprechers auf den Plattenspieler. Der Motor dreht sich mit etwa 3000 oder mit etwa 1500 Umdrehungen pro Minute. In der Sekunde sind das also entweder etwa 50 oder etwa 25 Umdrehungen.

Absolut gleichmäßig läuft kein Motor, obwohl man sich mit dem Auswuchten alle Mühe gibt: eine winzige Unrundheit des Laufes bleibt immer übrig. Der Motor vibriert also ganz leicht mit 25 oder 50 Hertz. Dieses Vibrieren muß vom Plattenteller und vom Tonarm ferngehalten werden. Dazu hängt man den Motor zunächst einmal federnd auf. Außerdem läßt man die Antriebsachse des Motors niemals unmittelbar oder nur über dazwischengeschaltete Übersetzungsräder mit dem Plattenteller in Berührung kommen; bei HiFi-Plattenspielern fügt man stets noch ein elastisches Glied ein, in der Regel einen weichen Gummiriemen. Dieser elastische Gummiriemen fängt die noch verbleibenden Vibrationen des Motors weiter ab und dämpft das Rumpeln im Idealfall so stark, daß es unter der Hörbarkeitsgrenze liegt, auch wenn die HiFi-Anlage auf große Lautstärke eingestellt ist. Wichtig ist aber auch, daß der Plattenspieler nicht in unmittelbarer Nähe des Lautsprechers steht; vor allem sollten beide nicht dieselbe Unterlage haben.

Damit haben wir den Begriff der *Dynamik* auch schon klarer umrissen: Es ist die Spanne zwischen der höchsten unverzerrten Lautstärke unserer HiFi-Anlage und den unvermeidlichen Nebengeräuschen, wie beispielsweise Rumpeln oder Rauschen; denn in diesen Nebengeräuschen würden die leisesten Passagen eines Musikstückes schon untergehen können. Je größer also die Dynamik einer HiFi-Anlage, um so eher ist sie in der Lage, die originalgetreue Dynamik vor allem klassischer Musikstücke

zu übertragen, ohne daß die lautesten Passagen übersteuert werden oder die leisesten Passagen im Eigengeräusch untergehen.
Als technisches Maß für diese Dynamik gibt man das Verhältnis der Schalleistungen der noch vorhandenen Nebengeräusche einerseits zu der unverzerrten Höchstlautstärke andererseits im logarithmischen Maßstab an, weil die Empfindlichkeit unseres Ohres gegenüber Lautstärkeveränderungen nicht linear, sondern logarithmisch verläuft. Die hierfür eingeführte Maßeinheit, die sich auch in den Prospekten der Hersteller immer wieder findet, ist das *Dezibel* (dB). So besagt beispielsweise *(Tabelle 1)*

Tabelle 1 Einige typische db-Werte mit den zugehörigen Leistungs- und Spannungsverhältnissen (zum Begriff *dB* vgl. auch Kap. 5, S. 86)

dB	= Leistungsverhältnis	= Spannungsverhältnis
1	1: 1,26	1: 1,12
2	1: 1,58	1: 1,26
3	1: 2	1: 1,41
6	1: 4	1: 2
10	1: 10	1: 3,16
20	1: 100	1: 10
30	1: 1 000	1: 32
40	1: 10 000	1: 100
50	1: 100 000	1: 316
60	1:1 000 000	1:1 000

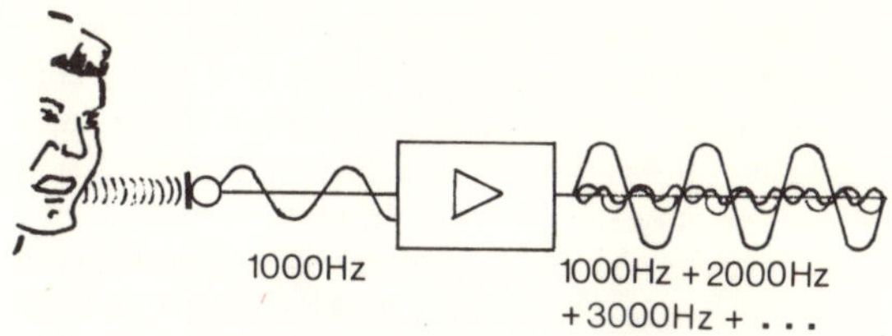

Abb. 19 Grundsätzliche Darstellung des Entstehens von Klirrfaktor

die Dynamik-Angabe 40 dB ein Leistungsverhältnis von 1:10 000 bzw. ein Spannungsverhältnis von 1:100 und die Angabe 60 dB ein Leistungsverhältnis von 1:1 000 000 bzw. ein Spannungsverhältnis von 1:1 000 (zum Begriff *dB* vgl. auch Kap. 5, S. 86).

Qualitätsmerkmal: Tonhöhenschwankungen

Auch für die sogenannten *Tonhöhenschwankungen*, also für das Jaulen und Wimmern oder Zittern eines Tones, ist der Plattenspieler verantwortlich. Derartige Tonhöhenschwankungen können übrigens auch bei einem Tonbandgerät auftauchen. Tonhöhenschwankungen, mit den beiden englischen Fachwörtern auch als *Wow* und *Flutter* bezeichnet, sind das Ergebnis langsamerer und schnellerer Schwankungen der Umdrehungsgeschwindigkeit des Plattentellers oder der Fortbewegungsgeschwindigkeit des

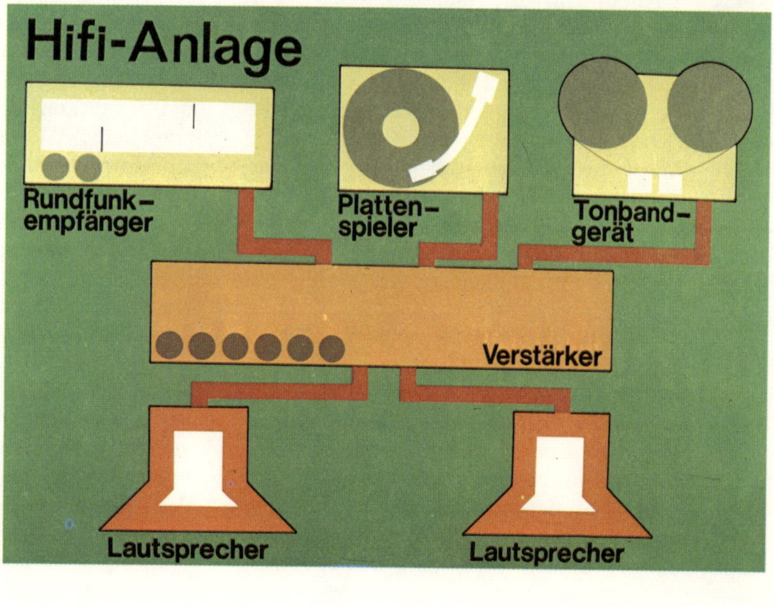

Abb. 20

Tonbandes. Man bezeichnet derartige Geschwindigkeitsschwankungen dann als *Wow*, wenn man sie noch als wirkliches Jaulen wahrnimmt. Ist dagegen die Häufigkeit der Tonhöhenschwankungen so stark angestiegen, daß die einzelnen Schwankungsvorgänge gar nicht mehr getrennt zu registrieren sind, so spricht man von *Flutter*. In letzterem Fall kann ein im Original klarer und durchsichtiger Ton einfach nur eine gewisse Rauhigkeit aufweisen.
Ursache von *Wow* und *Flutter* kann bei Plattenspielern wie bei Tonbandgeräten die schlagende Achse einer Rolle sein, durch die der Plattenspieler bzw. das Tonband nicht stetig, sondern mit rhythmischen Geschwindigkeitsschwankungen angetrieben wird. Bei Plattenspielern trägt der schon oben erwähnte elastische Riemen, der in erster Linie etwaige Vibrationen des Motors vom Plattenteller fernhalten soll, zusätzlich dazu bei, daß sich ein geringfügiger Schlag der Motorachse nicht mehr so stark als Tonhöhenschwankung auswirkt. Das gelingt um so besser, je größer und schwerer der verwendete Plattenteller und je besser er gelagert ist.

Qualitätsmerkmal: Klirrfaktor

Während die Störmerkmale des Plattenspielers in Verbindung mit dem Abtastsystem vor allem in der Erzeugung von Rumpeln und Tonhöhenschwankungen liegen, bestehen die Hauptgefahren des Verstärkers im Erzeugen von *Klirrfaktor*. Technisch gesprochen besteht der Klirrfaktor darin, daß dem ursprünglichen Schall in unerwünschter Weise noch zusätzliche störende Frequenzen hinzugefügt werden. Der Klirrfaktor entsteht, wenn Bauelemente bis an die Grenze ihres Leistungsvermögens oder darüber hinaus beansprucht werden, so daß sie nicht mehr linear arbeiten. Ein typisches Beispiel für einen Klirrfaktor, an den wir uns fast schon gewöhnt haben, ist die Qualität der heutigen Telefonübertragung.
Als Maßeinheit für den Klirrfaktor werden in den Unterlagen der Hersteller Prozentwerte genannt. Sie geben an, welchen Anteil die von der HiFi-Anlage unerwünscht hinzugefügten Frequenzen im Vergleich zu den ursprünglichen Frequenzen ausmachen. In der Praxis mißt man das der Einfachheit halber, indem man dem Eingang des zu prüfenden Verstärkers einen „reinen" Ton von 1000 Hz zuführt (*Abb. 19*). Dieser Ton ist rein, weil er keinerlei Oberwellen enthält, und er klingt wie ein geflöteter Ton. Er wird am Ende des Verstärkers völlig ausgefiltert, so daß nun die vom Verstärker hinzugemogelten Oberwellen von 2000 – 3000 – 4000 usw. Hertz übrigbleiben. Deren Stärke wird gemessen und ins Verhältnis gesetzt zur Summe dessen, was aus dem Verstärker einschließlich des ursprünglichen 1000-Hertz-Tons herausgekommen ist. Moderne HiFi-Verstärker lassen sich ohne erhebliche Schwierigkeiten mit Klirrfaktorwerten unter 1 % herstellen. Bei Lautsprechern sind in bestimmten Frequenzbereichen, nämlich bei 250 und 1000 Hz, Klirrfaktorwerte bis zu 3 % zulässig. Den geringsten, oft kaum meßbaren Klirrfaktor findet man bei Mikrofonen und Kopfhörern.

Bedienungskomfort

Neben dem Verstärken mit möglichst großem Frequenzumfang, hoher Dynamik und kleinem Klirrfaktor hat der Verstärker – bei Vereinigung mit einem Rundfunk-Empfangsteil als *Receiver* (*Abb. 20*) bezeichnet – aber noch eine weitere Aufgabe: Mit zahlreichen Bedienungselementen, die mit der Hand, mit einer Münze oder mit einem Schraubenzieher einzustellen sind, ferner mit Schiebeschaltern, Drehschaltern und Drucktasten werden die HiFi-Tonquellen sortiert und manipuliert.
Zunächst sei die Umschaltvorrichtung für die verschiedenen Tonquellen genannt, zu denen Plattenspieler, Tonbandgeräte, Radio oder Mikrofon gehören. Da die von diesen Tonquellen abgegebenen Spannungen unterschiedliche Werte aufweisen, ist die Verstärkung der verschiedenen Eingänge darauf eingerichtet. Man sagt, daß sie eine unterschiedliche Empfindlichkeit haben. So liegt die von einem Mikrofon abgegebene Spannung fast immer weit unter 1 mV, also dem tausendsten Teil eines Volts, während ein Tonbandgerät bis zu einem vollen Volt an den Eingang des Verstärkers liefert. Beim Umschalten am Verstärker werden diese Unterschiede zwischen den verschiedenen Tonquellen zunächst grob ausgeglichen. Die individuellen Unterschiede zwischen einem Plattenspieler und einem anderen können davon nicht erfaßt werden. Das könnte zur Folge haben, daß man beim Umschalten von einer Tonquelle auf eine andere trotz unveränderter Stellung des Lautstärkereglers am Verstärker doch erhebliche Lautstärkesprünge erleben würde. Aus diesem Grunde erlauben die besseren HiFi-Verstärker eine *Pegel-*

voreinstellung mit Hilfe eines Schraubenzieherreglers, der nur einmal für jede Tonquelle richtig eingestellt zu werden braucht. Er befindet sich deshalb meist unauffällig an der Rückseite des Gerätes in der Nähe der jeweils zugehörigen Eingangsbuchse. Ein weiteres wichtiges Bedienungselement ist der eigentliche *Lautstärkeregler,* der es nun erlaubt, die Wiedergabelautstärken entweder über die Lautsprecherboxen oder über angeschlossene Kopfhörer den eigenen Wünschen anzupassen. Darüber hinaus gibt es aber noch bei jedem HiFi-Verstärker getrennte *Baß-* und *Höhen-Regler,* die das Einstellen des Klangbildes entsprechend dem eigenen Klangempfinden ermöglichen (*Abb. 21*). Der Baßregler

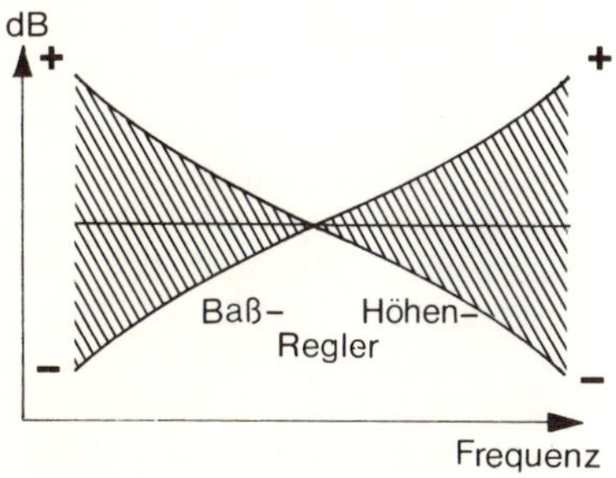

Abb. 21 Arbeitsweise von Baß- und Höhenregler

senkt die tiefen Frequenzen ab oder hebt sie an; der Höhenregler leistet Entsprechendes für die hohen Frequenzen. Ein gelegentlich auch noch zusätzlich vorhandener *Präsenz-Regler* oder -Schalter erlaubt es, bestimmte Frequenzen im mittleren Bereich um 2500 Hz anzuheben, wodurch Gesangs- und Instrumental-Solisten scheinbar näher an den Zuhörenden herangeholt werden.

Wiedergabe: Lautsprecher + Kopfhörer

Die vom Verstärker möglichst unverzerrt gelieferte Leistung muß nun möglichst ebenso originalgetreu wieder in Schwingungen der Luft – also in Luftschall – umgewandelt werden. Ideal wäre es, wenn man dazu mit einem einzigen System auskäme, weil dann alle Frequenzen denselben Ort des Entstehens hätten. Bei Lautsprecherboxen ist dies bis heute nur in Einzelfällen befriedigend gelungen. Deshalb enthalten sie durchweg mehrere Systeme. Nur bei Kopfhörern ist es gelungen, mit einem einzigen Wandlersystem die elektrischen Spannungsschwankungen zwischen 20 Hz und 20000 Hz praktisch geradlinig in Luftschall zurückzuverwandeln. Während dieser Vorteil des Kopfhörers bis vor einiger Zeit noch mit dem erheblichen Nachteil erkauft werden mußte, daß man sich beim Tragen derartiger Kopfhörer von der Außenwelt hermetisch abgekapselt fühlt, gibt es nun sogenannte „offene" Kopfhörer, bei denen die Ohren nur noch leicht von einem sogenannten Schaumnetzpolster bedeckt sind, hinter denen sich die eigentlichen Kopfhörersysteme befinden. Auf diese Weise spürt man die Kopfhörer fast gar nicht mehr.

Wegen des geringen Abstandes solcher Kopfhörer von den Ohren kommt man bei Kopfhörerbetrieb an HiFi-Verstärkern mit außergewöhnlich kleinen Leistungen aus. Sie liegen in der Größenordnung von einigen Milliwatt (mW), also einigen tausendstel Watt. Würden HiFi-Verstärker ausschließlich mit Kopfhörern betrieben, könnte man sie erheblich preisgünstiger herstellen. Tatsächlich aber soll ein HiFi-Verstärker ja auch Lautsprecherboxen (*Abb. 22*) speisen können, die auf bis zu vier Übertragungsbereiche aufgeteilt werden; und zwar aus folgenden Gründen:
Um die bei der Beschallung eines Wohnraumes mit Lautsprechern besonders bei tiefen Frequenzen erforderlichen Leistungen zu übertragen, werden Tieftonlautsprecher eingesetzt, deren Membrandurchmesser bei 20 cm und mehr liegt und mehrere Watt zugeführt bekommt, damit sie den nötigen Schalldruck erzeugen können. Ein solcher Tieftonlautsprecher kann aber nur tiefe Töne wirkungsvoll abstrahlen. Für die mittleren Frequenzen fügt man einer solchen Lautsprecherbox dann ein oder mehrere zusätzliche Mitteltonsysteme bei, die den Bereich von etwa 800 Hz bis 4000 Hz überstreichen. Dann läßt auch der Wirkungsgrad dieser Mitteltonsysteme spürbar nach, so daß das oder die eigentlichen Hochtonsysteme in Aktion treten, die schließlich bis über die Hörbarkeitsgrenze hinaus reichen. Das ist zwar eine sehr umständliche, heute aber leider noch nicht anders darstellbare Lösung. Ein Kompromiß wurde erzielt, in dem man die verschiedenen Membranen in einem Systemtrichter kombinierte (System Tannoy). Glücklich wären sicher alle Hersteller von Lautsprechern und Lautsprecherboxen, wenn es – wie oben am Beispiel des Kopfhörers erläutert – auch beim Lautsprecher gelingen würde, mit einem einfachen System den gesamten interessierenden Frequenzbereich zu überstreichen.

Abb. 22 Lautsprecherbox mit vier Systemen

Stereo + HiFi

Bis hierher haben wir den Aufbau einer vollständigen HiFi-Anlage bewußt noch freigehalten von einem Begriff, der häufig Verwirrung stiftet: dem Begriff *Stereo*. Umfragen haben ergeben, daß HiFi und Stereo häufig miteinander verwechselt werden. Dabei handelt es sich bei der HiFi-Technik, also dem Versuch einer möglichst naturgetreuen Tonübertragung, um einen reinen Qualitätsbegriff. Hingegen bezeichnet die Stereofonie ein bestimmtes Übertragungsverfahren, und zwar den Versuch der räumlichen Übermittlung von Schallereignissen. Kurz formuliert, wird bei der Stereofonie jedem Ohr die ihm auch bei natürlichen Schallereignissen zukommende Information zugeführt, so daß man einen fast vollendeten räumlichen Klangeindruck erhält. Da die Stereofonie ein Übertragungsverfahren darstellt, die HiFi-Technik dagegen einen Qualitätsbegriff, kann eine Anlage sowohl stereofon ohne HiFi als auch HiFi ohne Stereo ausgestattet sein. Zweifellos ist Stereofonie in HiFi-Qualität das Erstrebenswerte.

Die vollständige HiFi-Stereo-Anlage besteht in der Regel aus den drei wichtigsten Tonquellen, nämlich dem HiFi-Plattenspieler, einem HiFi-Tonbandgerät und einem HiFi-Rundfunkempfangsteil, der auch mit dem amerikanischen Fachwort *Tuner* bezeichnet wird. Diese drei Tonquellen sind auf die entsprechenden Eingänge des HiFi-Verstärkers geschaltet, von dessen Lautsprecherbuchsen mindestens die Leistungen zu den beiden Lautsprecherboxen abgehen. Außerdem haben moderne Verstärker bereits gesonderte Buchsen für Kopfhöreranschluß.

Die Tatsache, daß in der letzten Zeit immer mehr von der Möglichkeit des Kopfhörers Gebrauch gemacht wird, spricht dafür, daß das Hören über Kopfhörer von zahlreichen HiFi-Freunden dem Hören über Lautsprecher vorgezogen wird, weil es schöner klingt und auch einen Beitrag gegen die „akustische Umweltverschmutzung" darstellt.

Übungsaufgaben

1. Die Arbeitsweise des Kohlemikrofons läßt sich am einfachsten kennzeichnen durch
   - ☐ **a)** einen zum Prinzip erhobenen Wackelkontakt
   - ☐ **b)** eine Vielzahl von Wackelkontakten
   - ☐ **c)** die Abstandsänderung zwischen Membran und Gegenelektrode

2. Das erste praktisch brauchbare Tonaufzeichnungsverfahren war
   - ☐ **a)** die magnetische Aufzeichnung des Tonbandgerätes
   - ☐ **b)** die Lichttonaufzeichnung des Tonfilms
   - ☐ **c)** die mechanische Aufzeichnung des Phonographen

3. Die Grammophon-Schallplatte von Emil Berliner (1878) unterschied sich gegenüber dem Phonografen von Thomas Alva Edison durch
   - ☐ **a)** Nadel tanzt nicht auf und ab, sondern hin und her
   - ☐ **b)** wirtschaftlichere Herstellungsmöglichkeit
   - ☐ **c)** schlechtere Tonqualität

4. Die Bezeichnung „HiFi“ = High Fidelity bedeutet sinngemäß
   - ☐ **a)** räumliche Übertragung von Schallereignissen
   - ☐ **b)** hohe Wiedergabetreue
   - ☐ **c)** Kopfhörerklang

5. Der erste Schritt bei der Herstellung einer Schallplatte ist die Anfertigung
   - ☐ **a)** der Lackfolie
   - ☐ **b)** des Vaters
   - ☐ **c)** der Mutter
   - ☐ **d)** der Söhne

6. Gepreßt werden die endgültigen Schallplatten unter Benutzung
   - ☐ **a)** der Lackfolie
   - ☐ **b)** des Vaters
   - ☐ **c)** der Mutter
   - ☐ **d)** der Söhne

7. Das Wahrnehmungsvermögen von Babys für hohe Töne reicht bis zu
   - ☐ **a)** 40000 Hz
   - ☐ **b)** 20000 Hz
   - ☐ **c)** 10000 Hz
   - ☐ **d)** 5000 Hz

8. Unter dem Qualitätsmerkmal der Dynamik versteht man
   - ☐ **a)** die höchste abgegebene Lautstärke einer HiFi-Anlage
   - ☐ **b)** das Verhältnis zwischen der höchsten unverzerrten Lautstärke und den unvermeidlichen Nebengeräuschen einer HiFi-Anlage
   - ☐ **c)** das Rumpelgeräusch des Plattenspielers

9. Als technisches Maß für die Dynamik einer HiFi-Anlage benutzt man
   - ☐ **a)** Dezibel (dB)
   - ☐ **b)** Hertz (Hz)
   - ☐ **c)** Prozent (%)

10. Als „Wow“ bezeichnet man solche Tonhöhenschwankungen, die
    - ☐ **a)** sehr langsam ablaufen, so daß man sie noch als Jaulen wahrnimmt
    - ☐ **b)** so schnell aufeinanderfolgen, daß man sie nicht mehr einzeln registrieren kann
    - ☐ **c)** dem Ton nur noch eine gewisse Rauhigkeit vermitteln

11. Unter Klirrfaktor versteht man

- ☐ **a)** eine nur beim Telefon auftretende Verzerrung der menschlichen Stimme
- ☐ **b)** die von elektroakustischen Übertragungsgliedern einem Schallereignis in unerwünschter Weise hinzugefügten Oberwellen
- ☐ **c)** eine Eigenart nur von bestimmten Lautsprechertypen

12. Der Präsenzregler oder Präsenzschalter einer HiFi-Anlage erlaubt es,

- ☐ **a)** die hohen Frequenzen anzuheben und abzusenken
- ☐ **b)** die tiefen Frequenzen anzuheben und abzusenken
- ☐ **c)** bestimmte Frequenzen im Bereich um 2500 Hz herum anzuheben

13. Der sogenannte „offene" Kopfhörer ist dadurch gekennzeichnet, daß

- ☐ **a)** der Schall nur durch eine Öffnung an das hermetisch abgedichtete Ohr dringt
- ☐ **b)** die Ohren nur noch leicht von einem Schaumnetzpolster bedeckt und ansonsten offen sind
- ☐ **c)** die sonst unvermeidliche Transpiration praktisch wegfällt

14. Unter dem Begriff „Stereo" verstehen wir

- ☐ **a)** die naturgetreue Wiedergabe von Schallereignissen
- ☐ **b)** die besonders lautstarke Übertragung von Schallereignissen
- ☐ **c)** die räumliche Übertragung von Schallereignissen

15. Welche der drei folgenden Übertragungsmöglichkeiten ist am erstrebenswertesten?

- ☐ **a)** Stereo ohne HiFi-Qualität
- ☐ **b)** Stereo in HiFi-Qualität
- ☐ **c)** HiFi-Qualität ohne Stereo

5. Lärm, das Trauma der Hörenden

Lärm in der akustischen Umwelt

Ruhe ist ein Zustand, den man nur noch selten vorfindet. Fast überall ist der Mensch dem Lärm von knatternden Motorrädern, von dröhnenden LKWs, von Flugzeugen, Preßlufthämmern und Baumaschinen ausgesetzt.

Abb. 1 Umweltlärm in der Großstadt

Ein Düsenjäger, der über Wohngebieten die Schallmauer durchbricht, erschreckt mit seinem Überschallknall Hunderttausende von Menschen. Über Wanne-Eikel, Gelsenkirchen, Dortmund und Herne könnten es auch Millionen sein.

Die Fähigkeit des Menschen zu hören, kann zum Trauma werden.

Was ist Lärm?

Eine Lärmdefinition aus dem alltäglichen Leben, in der Umgangssprache formuliert, könnte folgendermaßen lauten:

- *Lärm ist, wenn es zu laut, zu lang, zu oft und zu unangenehm Krach macht.*

Diese Definition trifft genau den Kern des Phänomens Lärm. Denn: Lärm hat zunächst eine eigene Dimension, die der Lautstärke. An zweiter Stelle stehen seine Dauer – wann und wie lange der Lärm erfolgt – und seine psychologische Komponente.

Dazu ein Beispiel: Das Geräusch eines fahrenden Motorrades ist sehr laut. Am lautesten ist es auf der Maschine selbst. Hier beträgt die Lautstärke nahezu 90 dBA (vgl. dazu S. 86). Dieser Wert kann eine Schädigung des Gehörs verursachen. Der Motorradfahrer hingegen empfindet dieses Geräusch

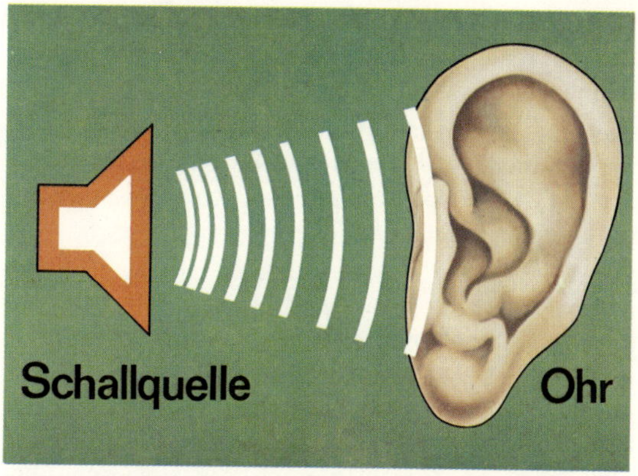

Abb. 2 Der Schall geht als Luftschwingung von der Schallquelle aus und trifft die Fläche unseres Ohres. Das menschliche Gehör empfindet den Schall um so stärker, je mehr Schallenergie das Ohr trifft

nicht als Lärm, er liebt dieses Geräusch, denn je mehr Gas er gibt, desto schneller fährt sein Motorrad.

Die unmittelbar *Betroffenen* aber, die Menschen am Straßenrand, empfinden dasselbe Geräusch als störend, als Lärm. Es ist also von Bedeutung, von welcher Position aus der Lärm bewertet wird, von der des Nutznießers oder der des Betroffenen. Und damit sind wir beim entscheidenden Punkt der Fragestellung „Was ist Lärm?" angelangt: bei der *Bewertung*.

Der Gesetzgeber definiert den Lärm folgendermaßen:

„Lärm ist Schall (Geräusch), der Nachbarn oder Dritte stören (gefährden, erheblich benachteiligen oder erheblich belästigen) kann oder stören würde." (Aus Technische Anleitung zum Schutze gegen Lärm, TA Lärm.)

Aus dieser offiziellen Lärmdefinition geht ebenfalls hervor, daß für die Bewertung eines Geräusches als Lärm die Betroffenen, also *Nachbarn oder Dritte,* maßgebend sind.

Lautstärke, Schallpegel, dBA

Nun kann nicht jeder Nachbar oder jeder Dritte ein Geräusch zum Lärm erklären. Hierzu müssen objektivierte Meßverfahren angewendet werden. Zuständig für die Messung von Geräuschen ist der Technische Überwachungsverein (TÜV). Er stellt beispielsweise fest, ob die Geräusche, die aus einer Diskothek in die Nachbarschaft dringen, so laut sind, daß sie die Anwohner als Lärm empfinden könnten.

Das erste also, was Lärm objektiv kennzeichnet, ist seine Lautstärke. Die Meßgröße zur Bestimmung der Lautstärke heißt *Schallpegel.* Zur Messung verwendet man einen *Schallpegelmesser.*

Die Einheit zur Messung des Schallpegels heißt *dBA.* Da bei der Definition der Meßgröße Schallpegel und der Einheit dBA auch auf physiologische und psychologische Gesichtspunkte Rücksicht genommen werden muß, wird ihre Definition recht kompliziert. So gehen in die Definitionen neben physikalischen Gesetzen auch die Eigenschaften des menschlichen Gehörs ein.

Die Meßgröße Schallpegel und ihre Einheit dBA sind im folgenden erklärt.

Der Begriff Schallstärke

Um ein Maß für die mengenmäßige Bewertung von Lärm zu finden, geht man von der Schallenergie aus, die das Ohr trifft (*Abb. 2*). Energie ist eine physikalisch eindeutig definierte Größe. Für die Wirkung auf den Menschen ist maßgebend, wieviel Energie auf die Fläche des Ohres oder des Trommelfells trifft. Es interessiert also eine Größe von der Art „Energie pro Fläche". Diese Größe nennt man Schallstärke.

$$\frac{\text{Energie}}{\text{Fläche}} = \text{Schallstärke}$$

Dies ist eine rein physikalische Definition. Ehe wir mit dem Begriff Schallstärke arbeiten wollen, soll er direkt auf das menschliche Gehör bezogen werden. Das Gehör besitzt eine sogenannte Hörschwelle. Das heißt, von einer bestimmten Schallstärke an wird ein Geräusch registriert. Leisere Geräusche kann der Mensch nicht hören. Das Gehör setzt bei gesunden Menschen bei einer bestimmten Schallenergie pro Fläche ein. Die Schallstärke hat an dieser Hörschwelle für alle Personen den gleichen Wert. (Es handelt sich um eine psycho-physikalische Konstante, die dem menschlichen Gehör eigen ist.) Der rein physikalische Begriff Schallstärke wird dem menschlichen Gehör angepaßt, indem die Schallstärke an der Hörschwelle mit 1 gleichgesetzt wird (vgl. *Tabelle 1*).

Tabelle 1 Die Schallstärke, die wir wahrnehmen, kann millionenmal und billionenmal stärker sein als an der Hörschwelle. Die Maße Bel und Dezibel sind einfache Zahlen, die für riesige Zahlenverhältnisse stehen. Sie werden mit dem Exponenten gebildet

Relative Schallstärke	Bel	dE
$1\,000\,000\,000\,000 = 10^{12}$	12	120
$1\,000\,000\,000 = 10^{9}$	9	90
$1\,000\,000 = 10^{6}$	6	60
$1\,000 = 10^{3}$	3	30
(Hörschwelle) $1 = 10^{0}$	0	0

- Hörschwelle: Schallstärke = 1

Somit ist, bezogen auf die Hörschwelle, eine relative Schallstärke definiert.

Die relative Schallstärke gibt an, wievielmal lauter ein Geräusch ist, als das leiseste, das der Mensch hören kann.

Millionenmal lauter

Nun könnte man grundsätzlich für das Maß des Schallpegels eine lineare Skala wählen, so wie zum Beispiel die Temperaturskala in Celsiusgraden. Dort geht man, vereinfacht gesagt, von zwei festen Werten aus, von der Temperatur des schmelzenden Eises und der des kochenden Wassers. Man teilt den Zwischenbereich in 100 gleiche Teile ein und erhält die Einheit Grad Celsius von 0° bis 100° C. Für Temperaturen unterhalb 0° C und oberhalb 100° C erweitert man diese Skala linear.

Würde man es im gleichen Maße für den Schallpegel machen, so erhielte man riesige Zahlenwerte.

Betrachten wir z. B. einige in unserem normalen Erfahrungsbereich liegende Lautstärken. Die relative Schallstärke an der Hörschwelle ist 1. Eine mittlere Lautstärke verursacht das Läuten eines Telefons. Eine Überraschung gäbe es jedoch, würden wir die relative Schallstärke messen: Beim Telefon erhielten wir einen Wert von der Größenordnung 1 000 000 (Million)! Bei sehr lauten Geräuschen ergäbe es natürlich viel größere Werte: das Geräusch eines Flugzeugmotors erhielte den Wert 1 000 000 000 000 (Billion).

Was bedeutet das physikalisch?

Die auf unser Trommelfell einwirkende Energie ist beim Geräusch eines Flugzeugmotors eine Billion mal so stark wie an der Hörschwelle.

Natürlich empfindet der Mensch kein Geräusch billionenmal lauter als ein anderes. Niemand kann sich konkret die Größe eine Billion vorstellen. Das Maß relative Schallstärke ist also nicht geeignet, die Lautstärke von akustischen Ereignissen in unserem Erfahrungsbereich zu bewerten, weil sonst diese großen Zahlenwerte auftreten würden.

Bei der Temperatur wird ein den Sinnen zugänglicher Erfahrungsbereich mit Hilfe der Einheit Grad in eine vernünftige Anzahl von Teilen eingeteilt. Bei der relativen Schallstärke ist dies bis jetzt nicht der Fall. Auf den folgenden Seiten soll nach einem vernünftigen Maß gesucht werden.

Dezibel

Die Mathematik bietet die Möglichkeit, große Zahlenwerte vereinfacht darzustellen. Dazu eignen sich besonders Zehnerpotenzen, also Zahlen der folgenden Art:

1 000 000 000 000
1 000 000 000
1 000 000
1 000
1

Die Zahlen werden als Potenzen der Zahl 10 geschrieben; dabei gibt der Exponent (Hochzahl) die Anzahl der Nullen an:

$$1\,000\,000\,000\,000 = 10^{12}$$
$$1\,000\,000\,000 = 10^{9}$$
$$1\,000\,000 = 10^{6}$$
$$1\,000 = 10^{3}$$
$$100 = 10^{2}$$
$$10 = 10^{1}$$
$$1 = 10^{0}$$

Indem man den Exponenten direkt als Maß nimmt, kann das Intervall von 1 bis 1 000 000 000 000 durch die Zahlen von 0 bis 12 erfaßt werden: dieses Maß heißt *Bel.*

	Bel
10^{12} →	12
10^{9} →	9
10^{6} →	6
10^{3} →	3
10^{0} →	0

Bei einer Meßgröße, deren Werte in einem Bereich von wenigen Zehnerpotenzen schwanken, wird die Einteilung verfeinert: es entsteht das Maß *Dezibel.* Hierbei sind alle Zahlen gegenüber Bel um den Faktor 10 größer, wie z. B. bei Meter und Dezimeter. In dem Bereich, in dem also die relative Schallstärke vom Wert 1 auf den Wert 1 000 000 000 000 steigt, nimmt das Maß Dezibel die Werte 0 bis 120 an. Die Abkürzung von Dezibel ist *dB.*

dB	120	90	60	30	0

Das Maß Dezibel hat mit Lärm und Schall direkt nichts zu tun. Es wird ganz allgemein verwendet, um einen großen Zahlenfaktor oder Verstärkungsfaktor anzugeben. Die Angabe „60 dB" bedeutet immer, daß eine Größe 10^{6}mal, also eine Million mal so stark ist als die Einheit oder die Bezugsgröße. (Das Maß Dezibel wird vor allem in der Elektronik gebraucht.)

Die Meßgröße des Schallpegels

Indem wir die relative Schallstärke, also das Verhältnis der Schallstärke zur menschlichen Hörschwelle, in Dezibel angeben, haben wir ein vernünf-

tiges Maß für die Lautstärke eines Geräusches gefunden, das zwischen 0 und 120 dB schwankt.
Würden wir jedoch mit Hilfe eines Meßgerätes einen hohen und einen tiefen Ton auf die gleiche Lautstärke einstellen (die Schallschwingung hätte dann die gleiche Energie), so würde sich der hohe Ton trotzdem viel lauter anhören. Dies liegt wieder an einer Eigenschaft des menschlichen Gehörs: das Ohr vernimmt hohe Töne wesentlich lauter als tiefe. Die Gehörempfindung ist frequenzabhängig. (So liegt auch die Hörschwelle für Töne verschiedener Frequenzen nicht bei der gleichen physikalisch gemessenen Schwell-Energie!)
Die bis jetzt definierte Größe ist also zur Lautstärkemessung noch nicht geeignet, da sie dem Gehörempfinden nicht entspricht. Notwendig ist ein Maß für die Lautstärke, das sich dem menschlichen Gehörempfinden anpaßt.

Abb. 3 Präzisions-Schallpegelmesser (das Mikrofon befindet sich an der Spitze des Gerätes)

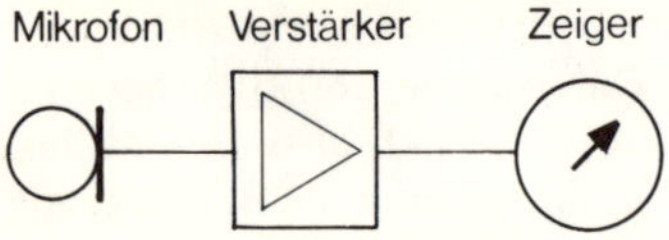

Abb. 4

Hier hilft uns die elektronische Meßtechnik. Das Gerät, das die Schallstärke mißt, der Schallpegelmesser (vgl. *Abb. 3*), besteht aus einem Meßmikrofon, einem Verstärker und einem Anzeigegerät (*Abb. 4*).
Im Normalfall funktioniert der Verstärker linear, das heißt, er verstärkt tiefe Frequenzen genauso wie

Tabelle 2 Genaue Zahlenwerte der Dämpfung mit dem Filter A nach DIN 45633

Frequenz Hz	Bewertungskurve A dB
10	− 70,4
12,5	− 63,4
16	− 56,7
20	− 50,5
25	− 44,7
31,5	− 39,4
40	− 34,6
50	− 30,2
63	− 26,2
80	− 22,5
100	− 19,1
125	− 16,1
160	− 13,4
200	− 10,9
250	− 8,6
315	− 6,6
400	− 4,8
500	− 3,2
630	− 1,9
800	− 0,8
1000	0
1250	0,6
1600	1,0
2000	1,2
2500	1,3
3150	1,2
4000	1,0
5000	0,5
6300	− 0,1
8000	− 1,1
10000	− 2,5
12500	− 4,3
16000	− 6,6
20000	− 9,3

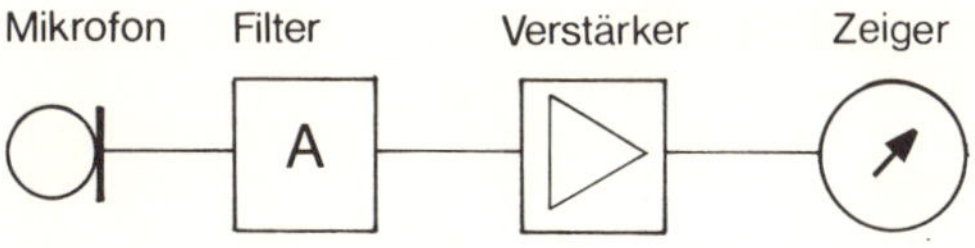

Abb. 5

hohe. (Unser Ohr nimmt tiefe Frequenzen weniger wahr als hohe.)
Ein elektronisches Filter dient dazu, die Meßgröße *Schallstärke* dem menschlichen Gehör anzupassen.

Man hört tiefe Frequenzen wesentlich leiser als hohe, wenn sie die gleiche Schallstärke haben.
Ergänzen wir das Meßgerät durch ein Filter (*Abb. 5*), das folgende Eigenschaften besitzt:

- es läßt mittlere Frequenzen um 1000 Hertz (Hz) durch,
- es dämpft tiefe Frequenzen wie das Ohr,
- es dämpft hohe Frequenzen wie das Ohr.

Heute wird für alle Meßzwecke das *Filter* A verwendet; *Abb. 6* (es gibt auch Filtertypen B und C).

Abb. 6

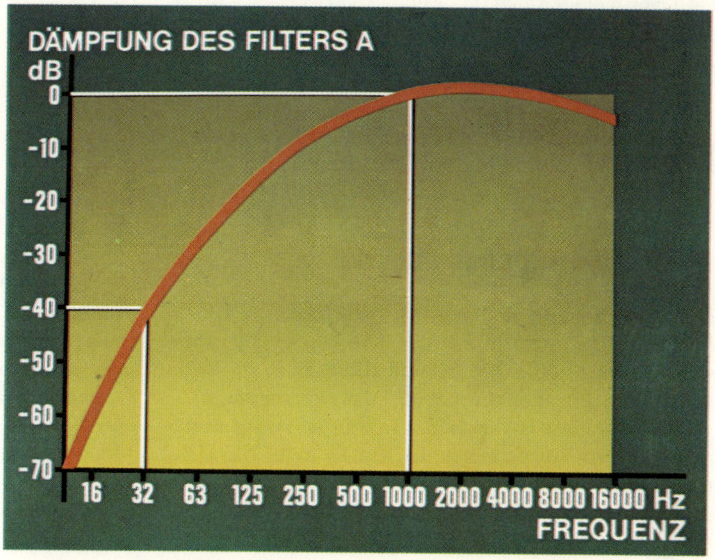

Abb. 7

Geräuschtabelle

	dB	
SCHMERZGRENZE	130	
Flugzeugmotor	120	
Webstühle	110	
Sägewerk	100	Schädlicher Lärm
Motorrad	90	
lautes Reden	80	
Zugabteil	70	
Telefon	60	lästiger Lärm
Schiffskabine	50	Ruhe
Flüstern	40	
Schlafzimmer	30	
Taschenuhr	20	
Atmen	10	
HÖRSCHWELLE	0	

Durch Einschalten des Filters A werden mit einem Meßgerät die verschiedenen Frequenzen ähnlich wie beim Gehör verschieden bewertet. Die Filterwirkung in Abhängigkeit von der Frequenz ist genormt (auch international) und wird durch die Deutsche Industrie-Norm (DIN) 45633 vorgeschrieben (*Tabelle 2*).

Mit dem Filter A messen wir nicht mehr Dezibel, sondern die abgewandelte Einheit *dBA*. Häufig schreibt man auch dB(A). Die Meßgröße, die in dBA gemessen wird, heißt *A-bewerteter Schallpegel*.

Da fast ausschließlich das Filter A verwendet wird, sagen wir einfach:

- Meßgröße: Schallpegel
- Einheit: dBA

(Diese beiden Begriffe gehören zusammen wie die Meßgröße Länge und die Einheit Meter.)

Phon – ein veralteter Begriff

Früher wurde zur Messung der Lautstärke die Einheit *Phon* benutzt. Für einen Ton von 1000 Hz stimmt Phon völlig überein mit dBA. Bei den anderen Frequenzen gibt es kleine Abweichungen.

Die Einheit Phon ist durch ihre Definition völlig dem menschlichen Gehör angepaßt. Ein Ton von 200 Hz hat die Lautstärke 70 Phon, wenn er ebenso laut erscheint wie ein 1000-Hz-Ton von 70 dBA. Anhand dieser Definition sehen wir, daß zur Messung von Phon Versuchspersonen unentbehrlich sind. Die Einheit dBA dagegen wird durch ein elektronisches Filter realisiert, das den Schallpegel annähernd genauso bewertet wie das menschliche Gehör.

Doch es besteht ein weiterer Unterschied zwischen Phon und dBA: Beträgt die Dämpfung des Filters A für eine Frequenz von 32 Hz 40 dB, heißt das, daß ein unbewerteter Schallpegel von 90 dB mit 50 dBA gemessen wird, einer von 70 dB mit 30 dBA. Also jeweils 40 dB weniger, unabhängig von der absoluten Höhe. Für die Einheit Phon ist dies per Definition nicht erfüllt. Gerade diese Schwierigkeit macht es unmöglich, für die so definierte Einheit Phon ein direktes Meßverfahren zu finden, das ohne Tabellen mit Erfahrungswerten auskommt.

Wir sollten heute überall die Einheit Phon durch dBA ersetzen; die tatsächlichen Abweichungen sind gering. In allen neueren Veröffentlichungen, auch auf internationaler Ebene, wird nur noch dBA verwendet.

Lärm quantitativ

Wir hatten festgestellt, daß Lärm zunächst die Lautstärke als eigene Dimension hat. Erst in zweiter Linie sind seine Dauer und Verteilung und seine psychologische Komponente wichtig.

Handelt es sich um informationshaltigen Lärm, treten die psychologischen Komponenten besonders in Erscheinung: in einem Büro ist zum Beispiel nichts störender als die Gesprächsfetzen aus dem Nebenzimmer. Das ebensolaute Klappern der Schreibmaschine ist wesentlich leichter zu ertragen. Eine der unangenehmsten Lärmarten ist der Lärm in öffentlichen Badeanstalten, weil er sehr informationshaltig ist und weil er gerade jene Informationen enthält, die der Betroffene nicht hören will. Das Beispiel zeigt, wie schwierig die psychologische Bewertung von Lärm ist.

Objektiv bewertbar und meßbar ist die Lautstärke des Lärms. Die Meßgröße heißt Schallpegel, die Einheit nennen wir dBA. Dies ist die einzige objektive Bewertung des Lärms, physikalisch exakt und international einheitlich festgelegt. Das Maß dBA ist dem menschlichen Gehörempfinden genau angepaßt und beschreibt somit den Eindruck, den das Geräusch auf den Menschen macht, und nicht nur den physikalischen Vorgang.

Mit dem Maß dBA läßt sich Lärm quantitativ in zwei Stufen einteilen (*Abb. 7*):

- bis 90 dBA lästiger Lärm,
- über 90 dBA schädlicher Lärm.

Im Bereich des lästigen Lärms spielt die Informationshaltigkeit des Lärms eine wichtige Rolle, bei Lärm über 90 dBA nicht mehr.

- *Lärm über 90 dBA ist immer gehörschädigend.*

Jeder Arbeiter in einem Sägewerk an der Kreissäge, jeder Weber am mechanischen Webstuhl, jedes Mitglied des Bodenpersonals eines Flugplatzes usw. wird auf die Dauer schwerhörig, wenn er sich nicht gegen die Lärmeinwirkung schützt.

Schäden des Gehörs

Ehe wir zu Schädigungen des Gehörs kommen, müssen wir uns klarmachen, daß auch ohne außergewöhnliche Lärmeinwirkungen mit dem Alter eine zunehmende Taubheit einsetzt, die mit steigenden Frequenzen zunimmt. Diese Altersschwerhörigkeit beginnt schon mit 30 Jahren oder früher. Nur Kinder haben die volle Hörfähigkeit.

Durch Lärmeinwirkung tritt zunächst eine vorübergehende Vertäubung ein. In *Abbildung 8* ist das Abklingen dieser Vertäubung innerhalb der ersten beiden Tage dargestellt. Vorausgegangen ist nur 45 Minuten Lärm von 90 dBA!
(Eine Anmerkung zu den Grafiken: die Gehörminderung gibt man in dB an, nicht in dBA, da es bei der Schwächung um z. B. 20 dB nicht auf die absolute Höhe des Schallpegels ankommt; die Gehörminderung gilt für jeden Schallpegel.)
Schon aus diesem Ergebnis geht eindeutig hervor, daß die Lärmdosis von 45 min 90 dBA schädigend ist, wenn ihr der Mensch täglich ausgesetzt ist. In einem Tag klingt die verursachte Gehörminderung nicht ab. Es entwickelt sich eine nicht mehr zu behebende Lärmschwerhörigkeit. Diese Schwerhörigkeit kann nach einigen Jahren Lärmarbeit beachtliche Ausmaße annehmen und zur Invalidität führen.

Audiogramme

Audiogramm eines 60jährigen. *Normale Altersschwerhörigkeit:* Die Hörfähigkeit nimmt mit steigender Frequenz immer stärker ab (*Abb. 9*).
Audiogramm eines 40jährigen Webers. *Lärmschwerhörigkeit:* Die Hörfähigkeit zeigt einen charakteristischen Einbruch bei 4000 Hz (*Abb. 10*).
Ein Audiogramm entsteht folgendermaßen: Mit dem Audiometer (*Abb. 11*) wird über Kopfhörer ein in der Lautstärke variabler Ton erzeugt. So wird die Hörschwelle der Versuchsperson ermittelt. Definitionsgemäß liegt sie bei gesundem Gehör bei null dBA; die Erhöhung der Hörschwelle auf z. B. 20 dBA bedeutet einen Hörverlust von 20 dB. Dieser Hörverlust tritt dann auch bei anderen Lautstärken auf, ein Schallpegel von 70 dBA klingt für den Schwerhörigen wie 50 dBA; Gehörminderung auch hier 20 dB.
Die normale Altersschwerhörigkeit ist vor allem deshalb nicht störend, weil sie bei allen Zivilisationsbürgern in gleicher Weise auftritt: Sie ist eine Art Zivilisationskrankheit. Bei Eingeborenen, die fern jeder technischen Lärmquelle leben, bleibt das vollständige Gehör bis ins hohe Alter erhalten. Die statistisch ausgemittelten Werte über die Altersschwerhörigkeit sind aus *Abbildung 12* zu entnehmen.
Die Lärmschwerhörigkeit, die zum Beispiel bei Webern immer auftritt, ist nicht nur quantitativ von der Altersschwerhörigkeit verschieden; sie zeigt

Abb. 8

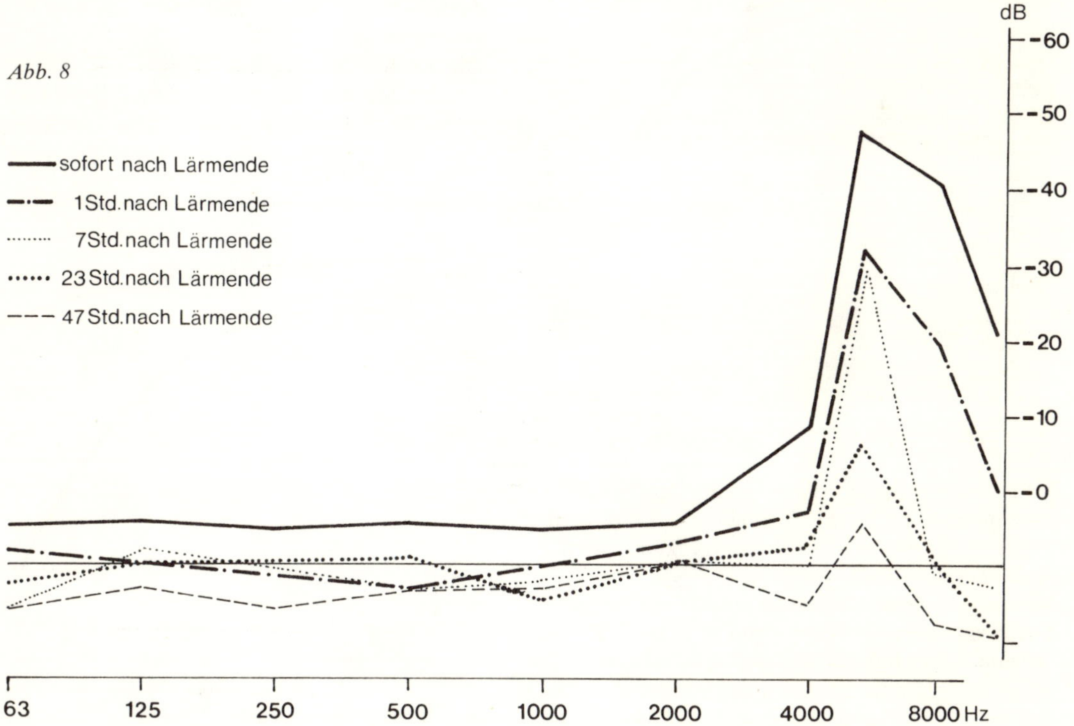

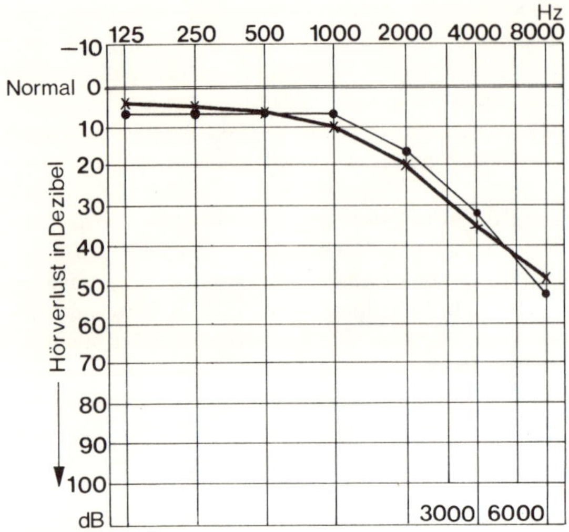

Abb. 9

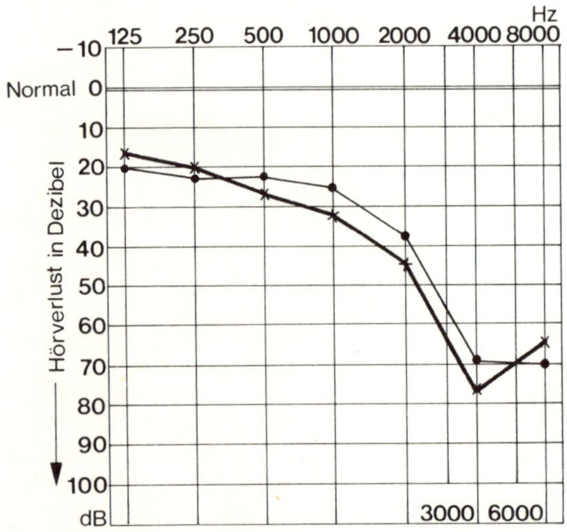

Abb. 10

auch Abweichungen, die man aus dem Knick im Audiogramm (vgl. *Abb. 10*) erkennt. Somit ist die Lärmschwerhörigkeit als Berufskrankheit aus dem Audiogramm zu diagnostizieren.

Seit einigen Jahren ist die Lärmschwerhörigkeit als Berufskrankheit anerkannt und liegt seit 1969 bei 34 von insgesamt 36 Berufsgenossenschaften der BRD an der Spitze aller neu zu gewährenden Renten für Berufserkrankungen. Um das weitere Anwachsen der Zahl der Rentenfälle zu vermeiden, sollte streng darauf geachtet werden, daß kein Industriearbeiter längere Zeit Lärm von über 90 dBA ausgesetzt ist.

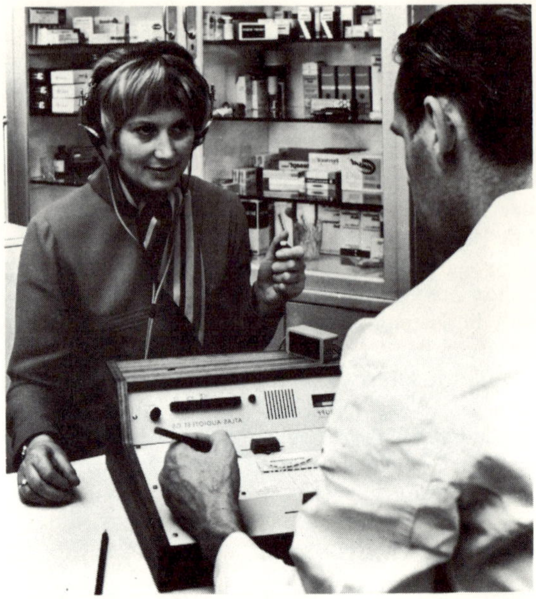

Abb. 11 Audiometer in der Arztpraxis

Die Kostenersparnis bei höheren Toleranzen wird für die Industrie zum Bumerang: Frühinvalidität wertvoller Fachkräfte durch Lärmschwerhörigkeit.

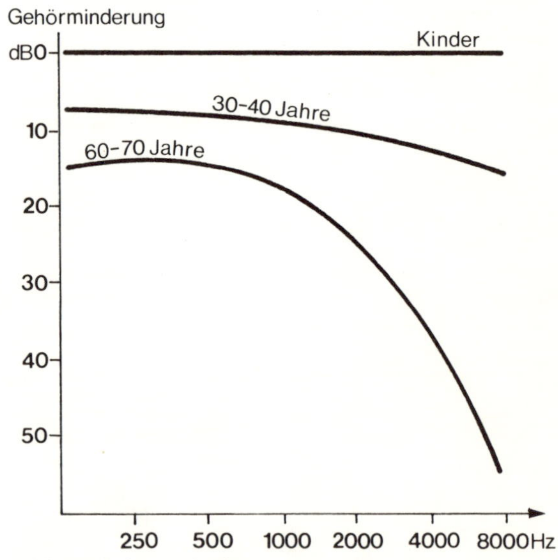

Abb. 12 Gehör und Alter

Vegetative Störungen

Lärm „geht unter die Haut“. Diese Alltagsweisheit hat einen wahren Kern: Lärm wirkt verengend auf die feinsten Blutgefäße wie zum Beispiel auf die Blutgefäße in den Fingern.

Der Puls in den Blutgefäßen der Fingerspitzen hat den gleichen Rhythmus wie der normale Puls im Unterarm, nur ist er viel schwächer, so daß man ihn nicht fühlen kann. Zum Messen und zum Registrieren des Fingerpulses gibt es eine speziell hierfür entwickelte Methode. *Abbildung 13* zeigt eine Aufzeichnung des Fingerpulses bei Lärmeinwirkung.

Schon Lärm von nur 60 dBA und nur einer Minute Dauer reduziert die Fingerpuls-Amplitude. Was bedeutet das? Es bedeutet, daß sich die feinsten Blutgefäße durch Einwirkung von Lärm reflexartig verengen. Und dies weist auf eine tiefgreifende Reaktion im vegetativen Nervensystem hin. (Das *vegetative* Nervensystem ist im Gegensatz zum *peripheren* Nervensystem nicht vom Willen und vom Bewußtsein abhängig.)

Das Gehör löst zum Beispiel auch Fluchtreflexe aus, wie wir sie bei allen Tieren kennen: eine Schar Vögel fliegt fluchtartig davon, wenn man laut in die Hände klatscht. Sie flüchten, ohne die Harmlosigkeit des Geräusches zu beachten: ein *Fluchtreflex* auf ein akustisches Signal.

Der Mensch reagiert ähnlich. Vielfach jedoch erschrickt er nur; in Kriminalstories wird dieses Erschrecken folgendermaßen formuliert: „Das Blut stockte ihm in den Adern.“ Diese Redewendung gewinnt durch die Messungen der Fingerpulsamplitude einen wissenschaftlichen Hintergrund. Denn die feinsten Blutgefäße, die Haargefäße oder Kapillaren, reagieren mit einer Verengung auf das Erschrecken. Dieselbe Reaktion verursacht jeder Lärm über 60 dBA, der auf einen Menschen einwirkt.

Leben ohne Lärm

Doch auch das Leben in einem völlig schallisolierten Raum ist kein Idealzustand. Experimente haben gezeigt, daß Versuchspersonen, die längere Zeit völliger Stille ausgesetzt waren, sich psychisch unwohl fühlten: ein Leben völlig ohne Umweltgeräusche wäre also auch nicht erträglich.

Persönlicher Lärmschutz

Der Schutz gegen Lärm beginnt in begrenztem Maße im Ohr selbst; das Mittelohr reagiert auf lauten Schall durch die sogenannte Reflexkontraktion der Mittelohrmuskeln. Dieser Vorgang bewirkt automatisch eine Dämpfung von 10 bis 20 dB. Da es sich um einen Reflex handelt, setzt dieser Vorgang immer erst nach Beginn eines Geräusches ein. Daher sind kurze Schallimpulse, die in größeren Abständen auftreten, besonders schädlich; sie treffen das völlig ungeschützte Ohr.

Der einfachste vom Menschen bewußt praktizierte Schutz gegen Lärm ist das Zuhalten der Ohren; jedoch ist der Erfolg nicht immer zufriedenstellend.

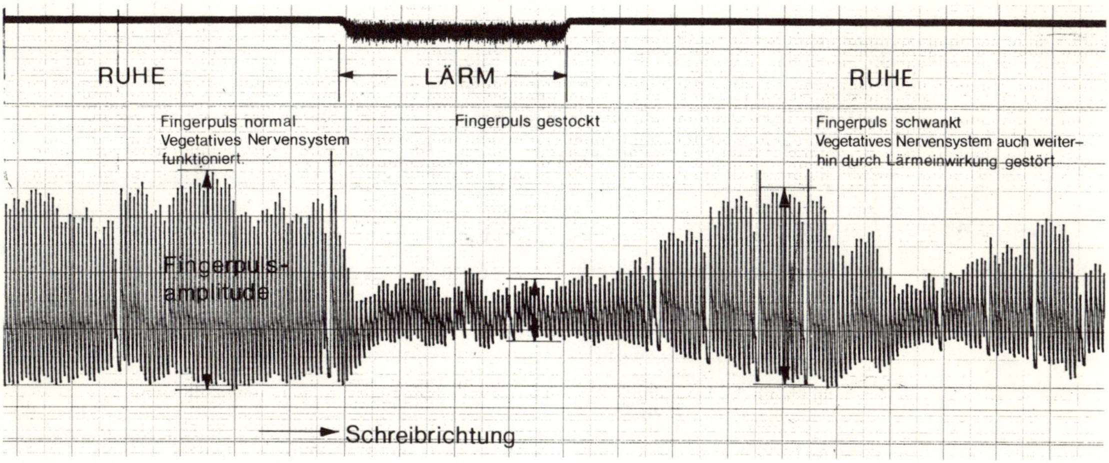

Abb. 13 Fingerpuls nach Prof. Jansen

Anders als bei den Augen, die durch Schließen der Lider gegen optische Eindrücke abgeschirmt werden können, sind die Ohren des Menschen auch nicht annähernd verschließbar; denn der Schall geht nicht nur durch den Gehörgang, sondern auch durch Knochen und Gewebe.
Es gibt allerlei Vorrichtungen, die einen etwas größeren Erfolg erzielen als das Zuhalten der Ohren: Ohrenpfropfen, ein ölgetränkter Wattebausch oder ein eigens angefertigter Gummipfropfen. Etwas komfortabler sind Lärmschutzklappen, der Form nach ähnlich wie Kopfhörer (vgl. *Abb. 14*). Sie erreichen eine Dämpfung zwischen 20 und 40 dB.

Abb. 14 Gebotsschild „Gehörschützer tragen" nach VDI 2560

Den größten Effekt beim persönlichen Lärmschutz erzielt jedoch ein Lärmschutzhelm. Er ist unentbehrlich für alle Personen, die an Motorprüfständen und gleichgearteten Arbeitsplätzen mit 120 dBA und mehr arbeiten müssen. Der Lärmschutzhelm hat den Vorteil, daß er bei geschickter Konstruktion auch die Knochenleitung des Schalls dämpft.
Als Fazit kann also festgestellt werden: Der persönliche Lärmschutz ist unbequem und nur begrenzt wirksam; er wird daher fast nur an extrem lauten Arbeitsplätzen angewendet. Im allgemeinen gilt die Regel: Je näher der Lärm an der Quelle bekämpft wird, um so besser.

Schalldämpfung

Die beste Methode der Lärmbekämpfung, die mit dem geringsten Aufwand den größten Erfolg erzielt, ist die Methode der Schalldämpfung. Sie wird vorzugsweise bei Verbrennungsmotoren angewandt. Das Wunderding, das noch keine hundert Mark kostet und doch eine Lärmminderung von bis zu 50 dB bewirken kann, ist der Schalldämpfer. Er befindet sich in jedem Kraftfahrzeug zwischen Motor und Auspuff. Ohne Schalldämpfer wäre der Straßenverkehr der heutigen Zeit undenkbar.
Der Schall verläßt den Verbrennungsmotor zusammen mit dem Strom der Auspuffgase. Diese Gase werden durch einen Schalldämpfer geleitet. Er besteht häufig aus einer zylindrischen Erweiterung des Auspuffrohrs, durch dessen Mitte (Achse) ein seitlich durchlöchertes Rohr hindurchführt; um das Rohr befinden sich Kammern, die mit lockerer Stahlwatte gefüllt sind.
Der Strom der Auspuffgase ist von sehr starken Schallwellen überlagert. Die Schallwellen treten in die Kammern ein und werden durch die entstehenden Wirbel in Wärmeenergie umgewandelt und daher gedämpft.

- *Schalldämpfung = Umwandlung von akustischer Energie in Wärme.*

Halten wir uns die simple und effektvolle Konstruktion eines normalen Schalldämpfers vor Augen, wird uns schnell bewußt, daß die Methoden der Schalldämpfung noch lange nicht erschöpft sind. Wenn erst einmal Konstrukteure einen vergleichbaren Aufwand für die Verbesserung der Schalldämpfung aufwenden wie für die Konstruktion und Verbesserung der Motoren, dann können wir noch einiges zum Wohle unserer Ohren und unserer Nerven erwarten.

Schalldämmung

Nicht immer kommt der Schall wohlgebündelt durch ein Auspuffrohr, so daß er ganz gezielt vernichtet werden kann. In den meisten Fällen tritt er großflächig auf und ist nicht leicht zu lokalisieren, denn er kommt von allen Seiten.
Um bestimmte Räume vor dem von außen eindringenden Schall zu schützen, muß der Schall abgehalten, gedämmt werden. Diesen Vorgang nennen wir die Schalldämmung.

- *Schalldämmung = Reflexion der Schallwellen.*

Die Reflexion der Schallwellen erfolgt dann, wenn der Schall von einem Medium auf ein anderes trifft: so entsteht auch der Nachhall, besser das *Echo*. Die Reflexion ist besonders stark, wenn der Unterschied zwischen den Medien sehr groß ist. Luftschall wird daher besonders von harten Wänden, Scheiben und Platten reflektiert. Körperschall, der sich selbst in harten Medien ausbreitet, wird vorzugsweise von weichen Verkleidungen aus Schaumstoff oder Fasern reflektiert. Deshalb besteht die Schallisolierung von Heizungs- und anderen Rohren aus einer weichen Verkleidung.

Gegen den von außen in ein Gebäude dringenden Schall isoliert vorzugsweise eine Wand aus z. B. harten Ziegelsteinen oder Beton. Sie reduziert immerhin den Außenlärm um etwa 40 dB. Eine zu leichte bzw. zu dünne Wand schwingt mit der Schallwelle und reflektiert sie daher nicht genügend. Aber auch bei Häusern mit soliden Wänden dringt der Schall ein. Besonders durch Fenster und Türen; sie sind häufig die schwächste Stelle des Lärmschutzes: ein Fenster mindert den Straßenlärm nur um 25 dB. Den gleichen Effekt wie eine Wand erzielt erst ein Doppelfenster; es vermag den Lärm um 40 dB zu verringern. Beim Doppelfenster wird der Schall gleich zweimal reflektiert, allerdings nur, wenn die Scheiben mindestens 10 bis 12 cm Abstand haben. Die zweimalige Reflexion tritt nicht ein, wenn die beiden Scheiben ganz nah beieinander sind, also nicht bei Doppelglas mit einem Scheibenabstand von wenigen Millimetern. Ein derartiger Scheibenabstand dient der Wärmeisolation, nicht aber der Schalldämmung.

Innerhalb von Gebäuden ist die Schalldämmung sehr kompliziert. Es muß der Körperschall durch Decken, Böden, Wände und Rohre in Betracht gezogen werden; hinzu kommt der Luftschall. Die Situation wird noch komplizierter, wenn in großen Räumen der Schallpegel durch starken Hall erhöht wird.

Mit derartigen Problemen beschäftigt sich die Bauakustik. Sie verwendet neben den üblichen Baumaterialien viele spezielle Werkstoffe, die teilweise auch durch ihre Faserstruktur eine schalldämpfende Wirkung haben. Man sollte jedoch die Wirkung von Wandbekleidungen und dergleichen nicht überschätzen. Die erreichte Lärmminderung liegt meistens unter 10 dB. Ist der Rohbau eines Hauses akustisch nicht in Ordnung, ist es für eine entscheidende Verbesserung der Lärmbedingungen zu spät.

Die technischen Möglichkeiten der Lärmbekämpfung sind so vielseitig, daß fast jedem unerwünschten Geräusch beizukommen ist, wenn man ihm nahe genug auf den Leib rückt. Entscheidend ist der Wille dazu, entscheidend ist, daß die Richtlinien, Vorschriften und Gesetze, die zur Minderung des Lärms geschaffen sind, befolgt werden. Häuser, die mit Hilfe von Mitteln des sozialen Wohnungsbaues finanziert werden, unterliegen strengen Lärmvorschriften; hier hat der Gesetzgeber bereits eine wesentliche faktische Verbesserung erreicht. Es kann durchaus sein, daß die in der Miete wesentlich höheren frei finanzierten Wohnungen daher schlechteren Lärmschutz besitzen als Sozialwohnungen.

Gesetzlicher Schutz gegen Lärm

Würde ein Düsenjäger in 9000 Meter Höhe über dem Ruhrgebiet die Schallmauer durchbrechen, könnten durch den etwa 80 km breiten Knallteppich mehrere Millionen Menschen erschreckt werden. Dagegen helfen weder Schalldämpfung noch Schalldämmung. Das Problem des Fluglärms kann nur durch gesetzliche Bestimmungen gelöst werden. Auf Flugplätzen selbst kann man allerdings bei Probeläufen den Lärm durch Schutzeinrichtungen mindern (*Abb. 15*).

Auch bei anderen Lärmarten sind Gesetze und Vorschriften nötig, denn die Anwendung von Schallschutzmaßnahmen, die nicht dem eigenen Wohlergehen, sondern dem Wohl der anderen dienen, sind nur dann gewährleistet, wenn ihre Anwendung gesetzlich vorgeschrieben ist.

Die wichtigsten Vorschriften dieser Art enthält die von der Bundesregierung herausgegebene „Technische Anleitung zum Schutz gegen Lärm“, TA Lärm (vgl. S. 84). Die dort festgelegten Richtwerte entstammen der VDI-Richtlinie 2058.

Für den Lärm außerhalb von Gebäuden gelten folgende Richtwerte, deren Überschreitung als erhebliche Störung gilt:

Kurgebiete	tags nachts	45 dBA 35 dBA
reine Wohngebiete	tags nachts	50 dBA 35 dBA
reine Industriegebiete	tags nachts	70 dBA 70 dBA

Wie weit die Realität von der TA Lärm abweicht, zeigt die vom TÜV aufgenommene Lärmkarte aus der Bonner Innenstadt, die die Geräuschpegel in der Nacht zwischen halb eins und drei Uhr wiedergibt (*Abb. 16*): überall wird der Richtwert für Wohngebiete überschritten! In der Nähe der Eisenbahnlinie sogar um 40 dB – ein völlig unhaltbarer Zustand.

Abb. 15 Lärmschutzanlage auf dem Flugplatz der Royal Air Force in Wildenrath: Schalldämpfer für Phantom-Bomber beim Probelauf

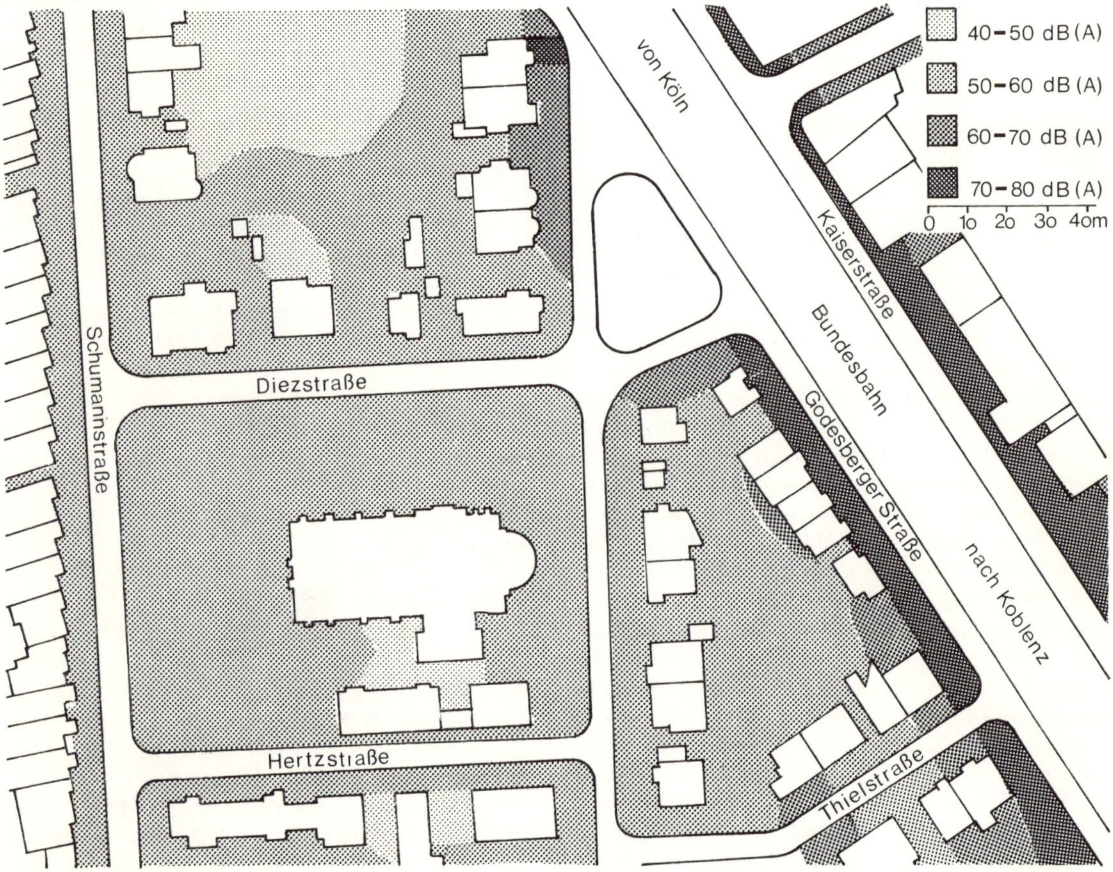

Abb. 16 Lärmkarte eines Gebietes der Bonner Innenstadt

Lärmschutzvorschriften für den Hochbau

Nicht jeder Außenlärm dringt auch in Gebäude ein (vgl. S. 93). Die in verschiedenen Räumen zulässigen Schallpegel sind in der VDI-Richtlinie 2719 angegeben (vgl. *Tabelle 3*).

Der erste Schutz gegen Luftschall von außen sind die Wände. Sie schützen genau wie Decken auch gegen Lärm aus anderen Gebäudeteilen. Die Anforderungen an Decken und Wände sind in der DIN 4109, Blatt 2, festgelegt. Die geforderte Dämpfung ist frequenzabhängig und wird durch eine Sollkurve dargestellt (*Abb. 17*).

Für *Sonderbauten* gilt erhöhter Schallschutz.

In *Tabelle 4* ist angegeben, um wieviel der Schallschutz über der Sollkurve liegen muß.

Kampf dem Lärm am Arbeitsplatz

Die Richtwerte für Lärm am Arbeitsplatz enthält die VDI-Richtlinie 2058, Blatt 1. Hier werden pauschal drei Arten von Arbeit unterschieden, für die man erfahrungsgemäß mehr oder weniger Ruhe braucht:

Tabelle 3 Richtwerte für die in den Räumen zulässigen Pegel von außen eindringender Geräusche

	Raumart	Richtwerte für die in den Räumen zulässigen Pegel von außen eindringender Geräusche Mittelungspegel	Maximalpegel
1	Aufenthaltsräume in Wohnungen, Übernachtungsräume in Hotels, Bettenräume in Krankenhäusern und Sanatorien	tagsüber 30–40 dB(A) nachts 20–30 dB(A)	tagsüber 40–50 dB(A) nachts 30–40 dB(A)
2	Unterrichtsräume, ruhebedürftige Einzelbüros, wissenschaftliche Arbeitsräume, Bibliotheken, Konferenz- und Vortragsräume, Arztpraxen und Operationsräume, Kirchen, Aulen	30–40 dB(A)	40–50 dB(A)
3	Büros für mehrere Personen	35–45 dB(A)	45–55 dB(A)
4	Großraumbüros, Gaststätten, Läden, Schalterräume	40–50 dB(A)	50–60 dB(A)
5	Eingangs-, Warte- und Abfertigungshallen	45–55 dB(A)	55–65 dB(A)
6	Opernhäuser, Theater, Kinos	25 dB(A)	35 dB(A)
7	Tonaufnahmestudios	Sonderanforderungen beachten	

Tabelle 4 Erhöhter Schallschutz bei Sonderbauten

Trennwände zwischen Reihenhäusern	+ 3 dB
Decken und Wände von Gaststätten	+ 10 dB
Decken und Wände von Krankenhäusern	+ 10 dB
Decken und Wände von Schulen	+ 3 dB

1. bei Arbeiten mit überwiegend geistiger Beanspruchung 50 dBA,
2. bei einfachen Büroarbeiten und vergleichbarer Tätigkeit 70 dBA,
3. bei sonstigen Arbeiten 90 dBA.

In der VDI-Richtlinie heißt es weiter: „Überschreitet bereits der mittlere Schallpegel jahrelang in der

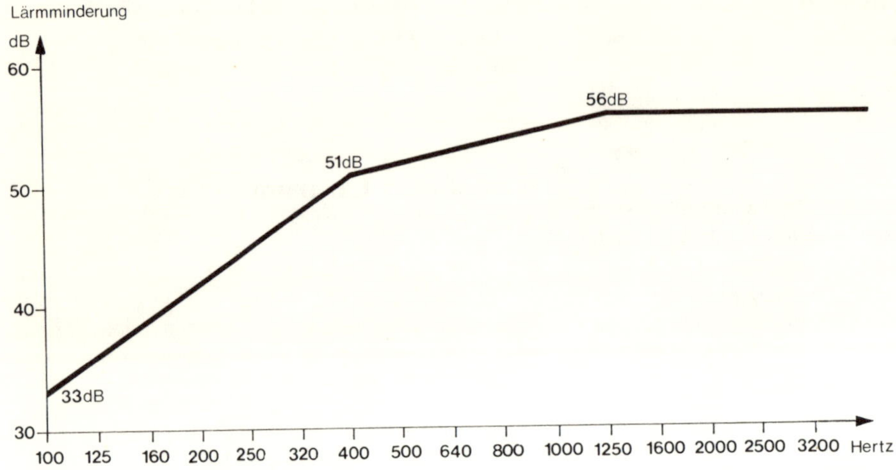

Abb. 17 Sollkurve für den Schallschutz von Decken und Wänden gegen Luftschall nach DIN 4109/2

Mehrzahl der Arbeitstage während der Schicht den Richtwert 90 dBA, so muß mit einer bleibenden Gehörschädigung gerechnet werden."

Dies ist übertrieben vorsichtig ausgedrückt. Man verlangt von einem Arbeiter, daß er acht Stunden pro Tag bei einer Lautstärke arbeitet, die einem voll aufgedrehten Motorrad entspricht!

Arbeitsmediziner verlangen ganz andere Lärmvorschriften als die VDI-Richtlinien sie vorsehen; denn acht Stunden lang 90 dBA ausgesetzt zu sein, kann sich in höchstem Grade gesundheitsschädigend auswirken. Hier scheinen die Toleranzwerte zu sehr von einer einseitigen Interessenlage bestimmt zu sein. Andere Länder sind vorsichtiger. Zum Vergleich die obere Toleranz für Lärmarbeiter der britischen Luftwaffe: sie beträgt 85 dBA bei 30 Minuten pro Tag.

Übungsaufgaben

1. Wodurch unterscheidet sich Lärm von anderen Schallereignissen?
   - ☐ **a)** Durch das Frequenzspektrum
   - ☐ **b)** Durch die Bewertung von seiten der Betroffenen
   - ☐ **c)** Durch die Absicht des Verursachenden

2. Was ist für die Bewertung von Lärm in erster Linie maßgebend?
   - ☐ **a)** Die Dauer
   - ☐ **b)** Die Lautstärke
   - ☐ **c)** Tag oder Nacht
   - ☐ **d)** Die psychische Wirkung

3. Wie wird die Lautstärke eines Schallereignisses objektiv ermittelt?
   - ☐ **a)** Durch Befragung von Testpersonen
   - ☐ **b)** Durch ein genormtes Vergleichsgeräusch
   - ☐ **c)** Durch Gerichtsbeschluß
   - ☐ **d)** Durch Messung des Schallpegels

4. Was ist neben physikalischen Gegebenheiten für die Definition der Einheit dBA maßgebend?
   - ☐ **a)** Die Technische Anleitung zum Schutz gegen Lärm
   - ☐ **b)** Die Normen des menschlichen Gehörs
   - ☐ **c)** Das Verhalten von Versuchspersonen
   - ☐ **d)** Die Einheitsschallquelle

5. Warum ist die „relative Schallstärke" nicht die endgültig benutzte Größe?
   - ☐ **a)** Die auftretenden Maßzahlen sind zu unhandlich
   - ☐ **b)** Sie entspricht nicht den physikalischen Anforderungen

6. Bei welchen Frequenzen sind die Angaben dB, dBA und Phon gleichwertig?
   - ☐ **a)** Bei sehr hohen Frequenzen
   - ☐ **b)** Bei Frequenzen unter 1 000 Hz
   - ☐ **c)** Nur bei der Frequenz 1 000 Hz
   - ☐ **d)** Es besteht immer eine Differenz

7. Was ist lauter?
   - ☐ **a)** 100 dB bei 50 Hz
   - ☐ **b)** 100 dBA bei 50 Hz

8. Wie erhält man aus dB die Einheit dBA?
   - ☐ **a)** Durch Multiplizieren mit dem Faktor A
   - ☐ **b)** Durch eine Vergleichsmessung bei 1 000 Hz
   - ☐ **c)** Durch Zuschalten des Filters A

9. Warum wird die Einheit Phon durch dBA ersetzt?
   - ☐ **a)** dBA entspricht mehr dem menschlichen Gehör
   - ☐ **b)** Phon ist nicht auf die Frequenz bezogen
   - ☐ **c)** dBA ist einfacher definiert
   - ☐ **d)** Die Messung in dBA ist technisch leichter zu realisieren

10. Wie wirkt Lärm über 90 dBA auf den Menschen?
    - ☐ **a)** Er verursacht Störungen der Konzentrationsfähigkeit
    - ☐ **b)** Er verursacht Nervosität
    - ☐ **c)** Er macht jede Verständigung unmöglich
    - ☐ **d)** Er ist gehörschädigend

11. Wodurch läßt sich Lärmschwerhörigkeit von Altersschwerhörigkeit unterscheiden?
    - ☐ **a)** Von der Lärmschwerhörigkeit ist nur ein Ohr betroffen
    - ☐ **b)** Altersschwerhörigkeit verursacht die stärkere Gehörminderung
    - ☐ **c)** Das Audiogramm hat verschiedene Charakteristiken

12. Was ist an Arbeitslärm zumutbar?

- ☐ **a)** Lärm unterhalb der Schmerzgrenze
- ☐ **b)** 100 dBA
- ☐ **c)** Das Geräusch in einer Weberei, stundenweise
- ☐ **d)** 90 dBA

13. Was zeigt die Reduzierung des Fingerpulses bei Lärmeinwirkung?

- ☐ **a)** Eine vegetative Störung als Reflex
- ☐ **b)** Eine nervöse Veranlagung der Versuchsperson

6. Ultraschall

Unhörbarer Schall: Ultraschall

Längst nicht alle Schallwellen, die im Alltag auf einen Menschen eindringen, werden von ihm gehört. Und zwar nicht deshalb, weil diese Schalleindrücke zu leise wären, sondern weil das menschliche Schallempfindungsorgan – das Gehör – nur einen begrenzten Frequenzbereich verarbeiten kann.
Diese Tatsache läßt sich leicht in einem Experiment überprüfen:
Man benötigt dazu einen Schallerzeuger, bei dem sich die abgestrahlte Schallfrequenz kontinuierlich verändern läßt. Außerdem soll gewährleistet sein, daß die abgegebene Schalleistung bei der Frequenzänderung gleichbleibt.
Wird die Schallfrequenz laufend erhöht, so empfindet ein Mensch mit gesundem Gehör zunächst ein Abnehmen der Lautstärke bei den höheren Tönen, bis er schließlich bei einer Frequenz von etwa 18000 Schwingungen pro Sekunde (gleich 18 Kilohertz) nichts mehr wahrnimmt, obwohl der Schallerzeuger mit unverminderter Leistung weiterhin Schallwellen abstrahlt.
Den Schall, der jenseits der Hörbarkeit liegt, nennt man *Ultraschall (Abb. 1)*.
Die obere Hörfrequenzgrenze ist allerdings nicht bei allen Menschen gleich. Ältere und lärmgeschädigte Menschen hören 18-kHz-Töne schon nicht mehr. Jüngere Menschen mit gesundem Gehör können hingegen noch Schallfrequenzen bis 20 kHz wahrnehmen (vgl. dazu auch Kap. 5).

Schallfrequenzumsetzer: „Super-Ohr" der Techniker

Die Frage liegt nahe, ob sich der Mensch die Geräuschwelt oberhalb seiner natürlichen Hörfrequenzgrenze nicht erschließen könnte. Das ist möglich. Die Elektronik bietet eine Lösung. Es gibt heute Geräte, die die unhörbaren Ultraschallwellen über ein Mikrofon aufnehmen und in einem bestimmten Verhältnis in eine niedrigere Hörfrequenz umsetzen, die man dann über Kopfhörer oder Lautsprecher hören kann. Eine Ultraschallfrequenz von 40 kHz kann beispielsweise auf eine Hörfrequenz von 5 kHz herabgesetzt werden (das Übersetzungsverhältnis ist in diesem Fall 8:1). Eine Frequenz von 80 kHz wird als Frequenz von 10 kHz hörbar. Schallfrequenzumsetzer dieser Art haben sich in der Technik beim Aufspüren von Defekten, die mit Ultraschallgeräuschen verbunden sind, als sehr nützlich erwiesen. Ein Beispiel: Wenn bei einer Gaslei-

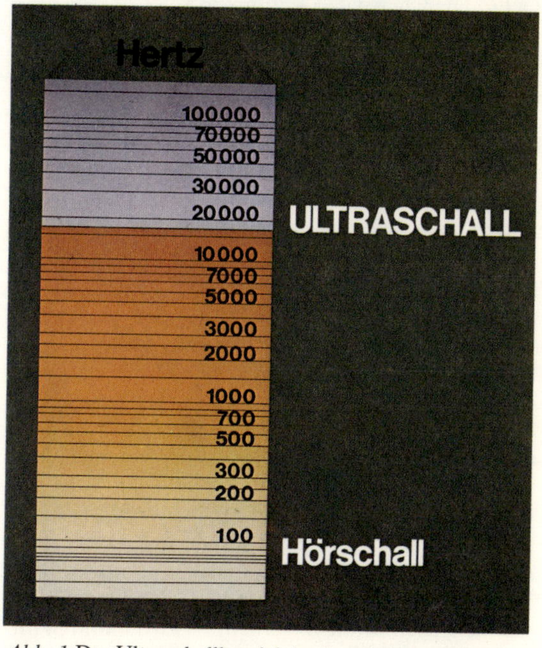

Abb. 1 Der Ultraschallbereich beginnt bei 20000 Hz

tung aus einem winzigen Leck Gas ausströmt, entsteht ein Ultraschall-Pfeifton. Genauso ist es bei Druckbehältern, gasgefüllten Fernmeldekabeln, Vakuumsystemen und Spraydosen. Mit dem Ultraschallumsetzer läßt sich die Geräuschquelle und damit der Fehler einfach finden. Werden Richtmikrofone verwendet, ist die Ortung des Fehlers besonders leicht, zumal durch Zwischenschalten von Verstärkerstufen die Empfindlichkeit der Apparatur sehr erhöht werden kann. Wenn zum Beispiel Gas mit einem Druck von 1 atü aus einem Leck von nur 0,1 mm Durchmesser ausströmt, so ist das noch aus einer Entfernung von über 10 m feststellbar! Auch kleine elektrische Überschläge in Hochspannungsanlagen, Transformatoren und in Fernsehgeräten lassen sich mit Hilfe von Ultraschallumsetzern finden. Sogar aus dem Lärm von Verbrennungsmotoren und Turbinen lassen sich beginnende Schäden, zum Beispiel an Ventilen und Lagern, „heraushören".

Abb. 2 Fehlersuche nach elektrischen Überschlägen mit einem Ultraschall-Hörgerät

Fledermäuse „sehen" mit Ultraschall

Während der Mensch Ultraschallwellen nur mit besonderen Hilfsmitteln wahrnehmen kann, ist das Gehör mancher Tiere – zum Beispiel der Fledermäuse, Delphine und Hunde – dafür von Natur aus eingerichtet.

Hunde können mit Ultraschall-Tönen, die mit Hilfe einer sogenannten Galton-Pfeife erzeugt werden, unauffällig gerufen werden. Sie empfangen von ihrer Umwelt einen umfassenderen Geräuscheindruck als Menschen. Zum Beispiel ist der für uns Menschen unhörbare Schritt eines schleichenden Einbrechers für den wachsamen Hund doch mit Geräuschen verbunden.

Auch Delphine hören Ultraschall. Sie orientieren sich nach Ultraschallgeräuschen und erzeugen selbst Ultraschallaute, mit denen sie sich gegenseitig verständigen (*Abb. 3*).

Unbedingt lebensnotwendig ist der Ultraschall jedoch für Fledermäuse. Während der Nachtzeit gehen sie auf Insektenjagd und umfliegen auch bei vollkommener Dunkelheit schnell, äußerst geschickt und offenbar lautlos jedes Hindernis. Dabei sind ihre Augen nicht einmal besonders gut ausgebildet. Wenn – wie Experimente ergaben – den Fledermäusen die Augen verklebt werden, so wird dadurch ihr Orientierungsvermögen überhaupt nicht beein-

Abb. 3 Delphine hören mehr als Menschen. Sie orientieren sich nicht nur mit Hörschall, sondern auch mit Ultraschallimpulsen

trächtigt. Verschließt man hingegen ihre Ohren, so fliegen sie unbeholfen gegen alle Hindernisse.
Man entdeckte: Fledermäuse senden während des Fluges kurze Ultraschallstöße mit Frequenzen zwischen 30 und 80 kHz aus, die der Mensch nicht hören kann. Diese Schallstöße werden von den Hindernissen als Echos zurückgeworfen. Aus der Zeitverzögerung, mit der das Echo eines Schallimpulses zurückkehrt, aus der Richtung und aus der Veränderung, die das zurückkehrende Ultraschallsignal erfahren hat, entnehmen die Tiere Entfernung, Lage und Beschaffenheit des georteten Gegenstandes. Ihr Wahrnehmungsvermögen ist so empfindlich, daß dünne Drähte mit einem Durchmesser von weniger als einem Zehntelmillimeter noch sicher erkannt und umflogen werden (*Abb. 4a–d*).
Die präzise Ortung kleinster Objekte ist den Fledermäusen nur möglich, weil sie hochfrequenten Ultraschall mit entsprechend kleiner Wellenlänge erzeugen. Bei niederfrequentem Schall mit großer Wellenlänge würde die Auflösung der abgetasteten Umgebung in einzelne erkennbare Punkte wesentlich schlechter sein.

Echolot – Meerestiefen werden durchsichtig

Von der Fledermaus zur Seeschiffahrt scheint es ein großer Schritt. Aber es gibt eine Gemeinsamkeit: Fledermäuse wie Schiffsleute verwenden Ultraschall zur Orientierung.
Nahezu jedes Schiff besitzt heute ein Ultraschallgerät zur Messung der Wassertiefe, ein sogenanntes *Echolot*. Es ist ein unentbehrliches Gerät, das Schiffsunglücke durch Auflaufen auf Grund verhindern hilft.
Zur Aussendung und zum Empfang von Schallimpulsen ist am Kiel des Schiffes ein Schallgeber und -empfänger montiert. Die ausgesandten Schallimpulse durchlaufen das Wasser, treffen auf den Meeresboden und kehren als Echos wieder zum Schiff zurück. Da die Geschwindigkeit der Schallausbreitung im Wasser bekannt ist – sie beträgt im Salzwasser 1500 Meter pro Sekunde bei 15° C und einem Salzgehalt von 25 Promille –, ist die Zeitspanne zwischen Impulsaussendung und Impulsempfang ein Maß für die Wassertiefe (*Abb. 5*).
Hierzu ein Zahlenbeispiel: Wird das Echo eines ausgesandten Impulses nach 2 Sekunden wieder empfangen, so beträgt die Wassertiefe 1500 Meter; denn der Schall benötigt für den Hin- und Rückweg je eine Sekunde.
Es ergibt sich daraus auch, daß die Impulsfolge beim Echoloten nicht beliebig groß sein darf, sondern von der Wassertiefe abhängt. Je größer die Wassertiefe ist, desto geringer muß die Zahl der in einer Minute ausgesandten Impulse sein. Die Lotfolge kann bei einer Wassertiefe von 1500 m höchstens 30 Lotungen pro Minute betragen, bei 5000 m Tiefe nur 9 Lotungen pro Minute, bei der relativ geringen Tiefe von 50 m hingegen können immerhin 900 Lotungen pro Minute vorgenommen werden.
Die Anzeige der Echolotungen kann auf verschiedene Weise erfolgen. Verbreitet sind mechanische Anzeigeeinrichtungen, die die Lotungsergebnisse aufzeichnen, also *Echogramme* liefern.
Bei diesen *Echographen* wird ein Schreibgriffel gleichmäßig über ein Papier bewegt. Im Augenblick der Impulsaussendung und des Echoempfanges setzt der Schreibgriffel auf das Papier auf. Unter Berücksichtigung des richtigen Maßstabes läßt sich aus der Entfernung der Markierungen auf dem Papier die gelotete Tiefe ablesen. Vor jeder neuen Lotung wird der Papierstreifen automatisch ein Stückchen zur Seite verschoben, so daß die nächste Lotung neben der vorhergehenden aufgezeichnet wird. Auf dem Echogramm wird so das Profil des Meeresbodens für den Streckenabschnitt sichtbar, der vom Schiff während der Lotungsperiode überfahren wurde.
Neben dem beschriebenen Echographen werden heute auch elektronische Bildschirm- und Digital-Anzeigeeinrichtungen verwendet. Bei umfangreichen Vermessungsaufgaben mit dem Echolot werden die Meßdaten sogar über Computer ausgewertet.
Um ein möglichst exaktes Bild von der Struktur des Meeresbodens zu erhalten, muß der Echolotschall gebündelt abgestrahlt werden. Üblich sind Schallstrahlenbündel zwischen 5° und 30°. Ohne Bündelung würden zum Beispiel scharf aufragende Erhebungen auf dem Meeresboden gar nicht auszumachen sein. Diese Bündelung des abgestrahlten Schalls gelingt um so besser, je größer die Fläche des Schallgebers ist. Bei einem Öffnungswinkel des Schallstrahles von nur 2° wären aber Schallgeberflächen von 1 bis 2 m Durchmesser erforderlich. Das ist technisch kaum zu realisieren. Da sich aber bei gleichbleibenden Abmessungen eines Schallgebers hochfrequenter Schall besser bündeln läßt als niederfrequenter, arbeiten Echolote hauptsächlich mit

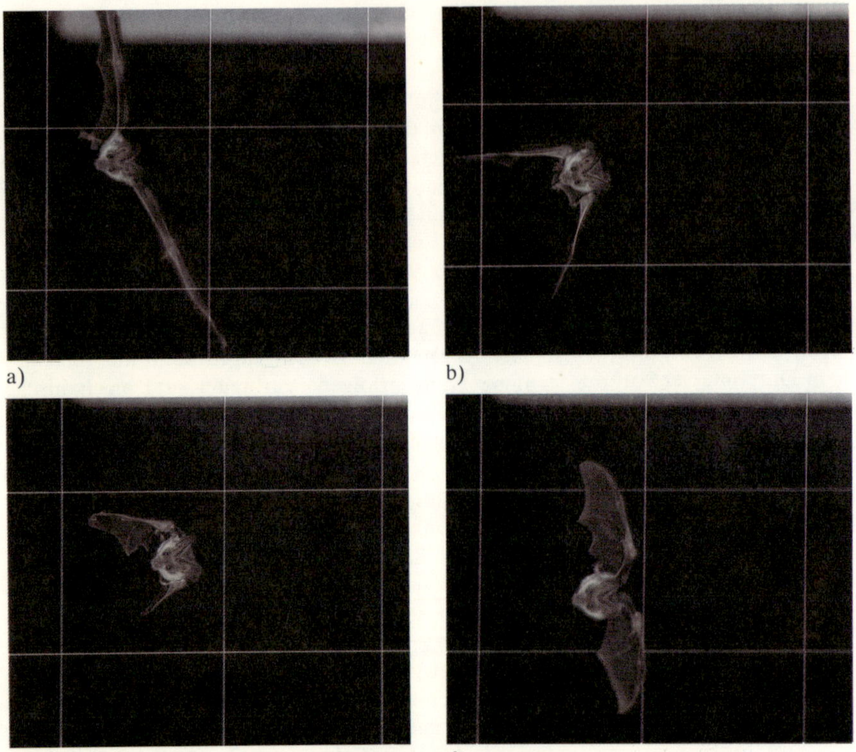

a) b) c) d)

Abb. 4a–d Fledermäuse können bei völliger Dunkelheit durch Aussendung und Empfang von Ultraschallimpulsen noch dünne Drähte von etwa 0,1 mm Durchmesser orten und umfliegen

Abb. 5 Die Laufzeit eines vom Schiff ausgesandten Ultraschallimpulses bis zu seiner Rückkehr ist ein Maß für die Wassertiefe

Abb. 6a Ein volles Netz ist nicht mehr vom Zufall abhängig. Ultraschall-Echoloteinrichtungen helfen, Fische zu finden und zu fangen

Ultraschall; und zwar je nach Aufgabe mit Frequenzen zwischen 10 kHz und 600 kHz. Mit Hilfe des *Impulsecho-Verfahrens* ist das Meer für den Menschen bis in jede Tiefe „durchsichtig" geworden.

Fischfang mit dem Echolot

Das Echolot wird auf See nicht nur zur Bestimmung der Wassertiefe eingesetzt. Seit es spezielle Echolote zur Ortung von Fischschwärmen gibt, sind gute Fangergebnisse kein Zufall mehr (*Abb. 6a*). Ein Fischschwarm wird zunächst mit Hilfe des Bordecholotes gesucht. Moderne, an das Echolot angeschlossene Anzeigeeinrichtungen erleichtern die Auswertung der Lotungen. Im Echographen wird ein Echogramm aufgezeichnet (*Abb. 6b*). Von einem Bildschirm kann zusätzlich die Dichte und die Verteilung eines Schwarmes abgelesen werden (*Abb. 6c*). Ist ein Schwarm gefunden, der einen lohnenden Fang verspricht, dann wird das Schleppnetz ausgesetzt. Eine Netzsonde, die oberhalb der Netzöffnung befestigt ist, übernimmt nun die Aussendung und den Empfang der Ultraschallimpulse. An Bord des Schiffes wird im Echographen auf dem Papierstreifen das genaue Abbild des Schwarmes registriert, das von der Netzsonde aufgenommen wurde. Ihre Lage wird auf dem Echogramm während der Fahrt als waagerechte Bezugslinie aufgezeichnet, wobei Fischschwarm, Unterkante der Netzöffnung und Meeresboden maßstabsgerecht darunter erscheinen (vgl. *Abb. 6b/c*). Die Netzsonde ermöglicht eine genaue Beobachtung der Verhältnisse an der Netzöffnung. Auf diese Weise kann man das Netz sehr leicht präzise zum Fisch zuführen (*Abb. 6d*).

Materialprüfung – zerstörungsfrei

Mehr zu sehen als mit dem bloßen Auge – das ist ein Wunsch, der auch bei der Werkstoffprüfung besteht.

Schienen, Eisenbahnräder, Kurbelwellen, Ventilfedern, Brückenträger, Dampfkessel, Turbinenschaufeln – alle diese Teile müssen fehlerfrei sein

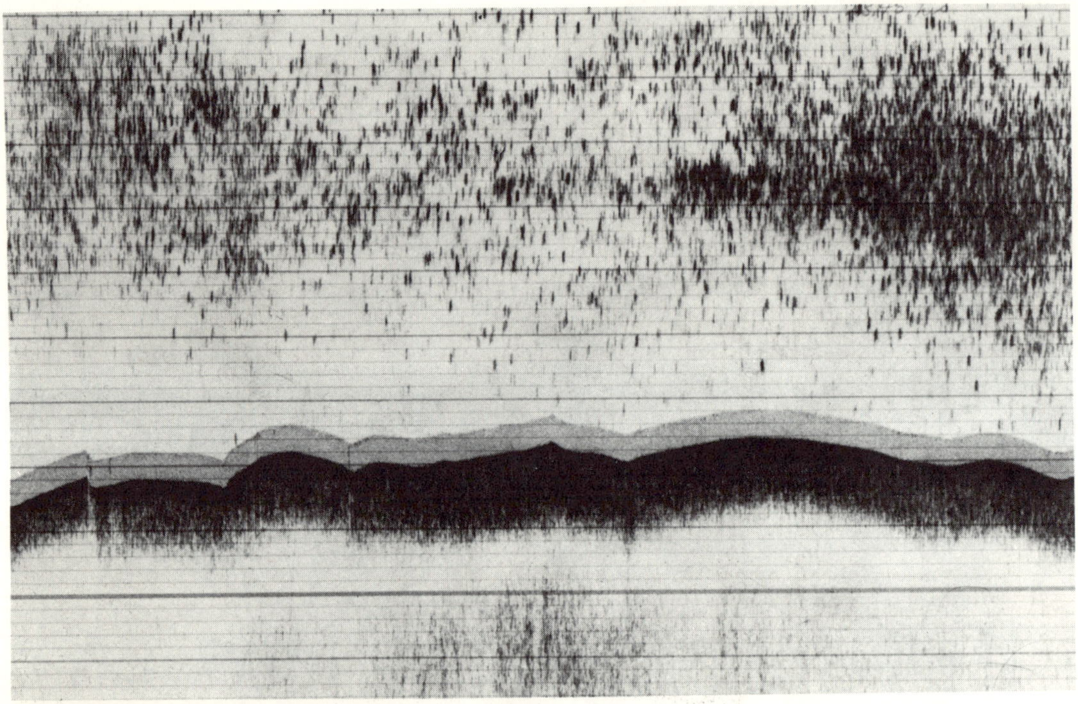

Abb. 6b Echogramm von Fischschwärmen zur Beurteilung von Schwarmdichte und Netzlage

Abb. 6c Eine Erweiterung des Echogramms ist das Lupenbild. Auf dem Bildschirm (Braunsches Rohr) kann man einen auf dem Echogramm dargestellten Ausschnitt auswählen und noch einmal mit weiteren Details, also viel feiner auflösen. Somit können Echolotungen noch weiter als auf dem Echographen analysiert werden. Das Lupenbild zeigt also auch kleinere Fische unter dem Kiel eines Schiffes

und dürfen keine verborgenen Risse enthalten, damit sie gefahrlos dauernder Beanspruchung ausgesetzt werden können. Mit Ultraschall-Prüfgeräten können die Bauteile auf solche Fehler untersucht werden, bevor sie zum Einsatz kommen (*Abb. 7*). Dazu werden sie nach einer Methode „abgehört", die dem Echolotverfahren in der Schiffahrt gleicht:

Das Prüfgerät besteht im wesentlichen aus einem Ultraschall-Prüfkopf, der als Schallgeber und -empfänger fungiert, und einem Anzeigegerät mit Bildschirm, auf dem Impulsechos aus dem Material in Form von Zacken abgebildet werden (*Abb. 8a*).

Der Prüfkopf wird auf das zu untersuchende Werkstück aufgesetzt. Zur besseren Schallübertragung und Ankoppelung wird in der Regel eine besondere Koppelpaste zwischen Prüfkopf und Prüfstück ge-

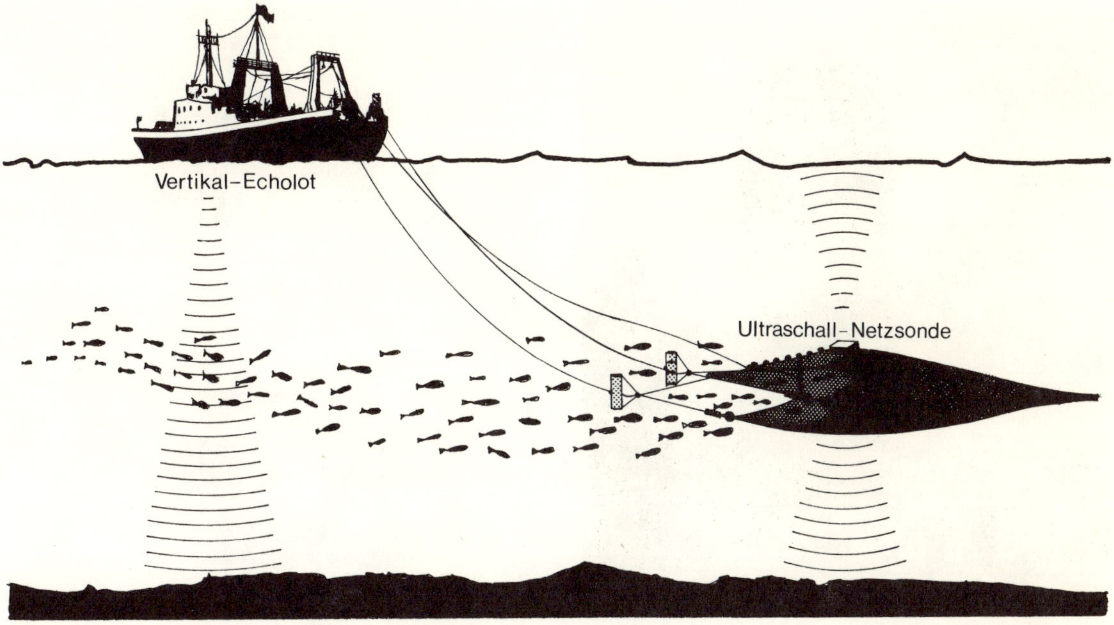

Abb. 6d Modernes Fischfangverfahren mit Ultraschallortung des Schwarmes

geben. Der Prüfkopf sendet Ultraschallimpulse aus, die von der Rückfläche des Werkstückes reflektiert und als Echos vom Prüfkopf wieder aufgenommen werden. Zwischen dem Aussenden eines Impulses und dem Empfang des Echos liegt ein winziger, aber meßbarer Zeitraum. Auf dem Bildschirm des Sichtgerätes werden zwei Impulszacken sichtbar. Die erste Impulszacke wird abgebildet, wenn ein Impuls den Prüfkopf verläßt, die zweite erscheint, wenn das Impuls*echo* vom Prüfkopf empfangen wird.

Diese Impulszacken sind Auslenkungen eines Elektronenstrahls, der beim Aussenden des Impulses mit einer bestimmten Geschwindigkeit von links nach rechts über den Bildschirm des Sichtgerätes läuft. Da nun die Impulse in ständiger Wiederholung und in schneller Folge ausgesandt werden, beschreibt der Elektronenstrahl immer wieder den gleichen Weg; wobei die Impulszacken auf dem Bildschirm dem Auge als stehendes Bild erscheinen.

Aus dem Abstand der Impulszacken auf dem Bildschirm ist so die Dicke des Werkstückes ablesbar. Ist das Prüfstück an der Meßstelle unter dem Prüfkopf fehlerfrei, so werden auf dem Bildschirm des Kontrollgerätes zwei Impulszacken sichtbar: die Zacke des Sendeimpulses und die Zacke des empfangenen Echoimpulses. Befindet sich jedoch ein Fehler im Werkstück – zum Beispiel ein Riß –, so wirft auch dieser Riß ein Echo zurück. Das Impulsecho des Fehlers erscheint dann als dritte Impulszacke zwischen den beiden anderen auf dem Bildschirm (*Abb. 8b*). Lage und Art des Fehlers werden dadurch erkennbar.

Die Frequenz des bei der zerstörungsfreien Werkstoffprüfung verwendeten Ultraschalls ist recht hoch; es können mehrere Millionen Schwingungen in einer Sekunde sein. Der Vorteil: hochfrequenter Ultraschall läßt sich praktisch strahlenförmig bündeln und ermöglicht damit präzise Meßergebnisse. Die Aufeinanderfolge der einzelnen Schallimpulse – die Impulsfolgefrequenz – richtet sich nach der Art und Dicke des Werkstoffes und beträgt bis zu 2000 Impulse pro Sekunde.

Nun ist die Schallgeschwindigkeit in den verschiedenen Materialien unterschiedlich, und das muß bei der Messung berücksichtigt werden. Oft müssen Vergleichsmessungen an bekannten Prüfstücken vorgenommen werden, damit das Impulsechogerät richtig eingestellt werden kann. Bemerkenswert und zugleich ein Vorteil ist, daß Ultraschallwellen feste Stoffe viel besser durchdringen als Röntgenstrahlen. Deshalb können mit der Impulsechomethode auch sehr große Materialstärken ausgemes-

Abb. 7 Schweißnahtkontrolle mit einem Ultraschall-Echoimpuls-Gerät

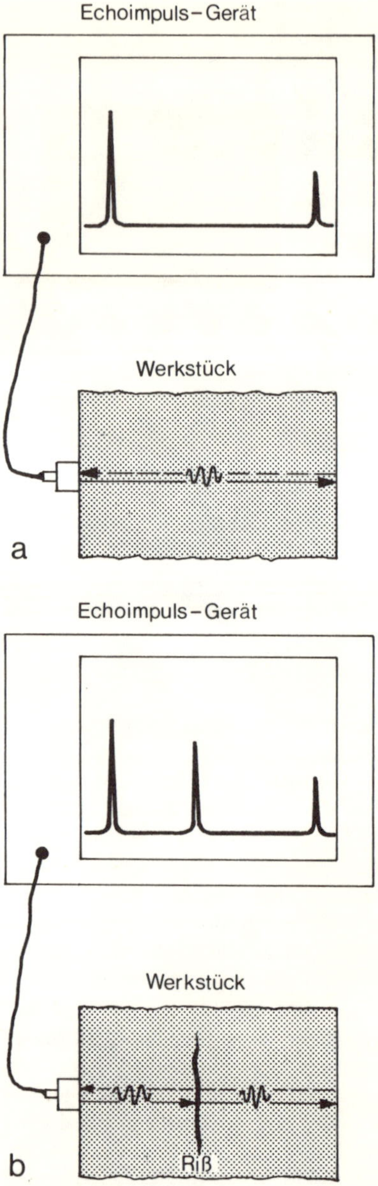

Abb. 8 Zerstörungsfreie Werkstoffprüfung. a) Werkstück ohne Fehler; b) Werkstück mit Riß

sen werden. Mit dem in *Abbildung 9* gezeigten Gerät lassen sich zum Beispiel Bauteile aus Stahl bis zu einer Dicke von etwa 15 m ohne weiteres durchschallen.
Wichtig ist auch, daß die Ultraschallwellen für das Bedienungspersonal unschädlich sind.
In manchen Fällen lohnt es sich, die Fehlersuche mit Ultraschall zu automatisieren. Stahlrohre, Schweißnähte, Ventilfederdraht, Kugellagerkugeln und viele andere Teile durchlaufen vollautomatisierte Ultraschall-Prüfeinrichtungen, in denen sie auf verborgene Fehler untersucht werden. Wird ein Fehler festgestellt, so erfolgt automatisch eine Kennzeichnung durch eine Farbmarkierung, aus der sich Fehlerort und Fehlerart ablesen lassen; außerdem werden bei der Überprüfung von Kleinteilen fehlerhafte Stücke automatisch aussortiert.

Dickenmessung mit Ultraschall

Sicherheit sowie Zeit- und Kostenersparnis bringt die Ultraschall-Impulsecho-Methode auch, wenn es darum geht, die Dicke von Wandungen zu messen, die nur von einer Seite her zugänglich sind. Dies spielt in der chemischen Industrie eine wichtige Rolle, in der die Wandungen vieler Rohre regelmäßig kontrolliert werden müssen, damit Abtragung und Korrosion, die die Wandstärke von innen vermindert haben können, rechtzeitig bemerkt werden. Die Dickenmessung mit Ultraschall-Echoimpulsen ist hier auch deshalb außerordentlich kostensparend,

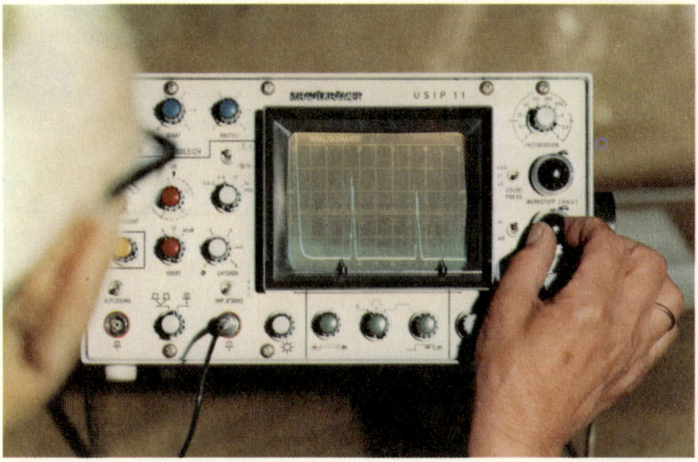

Abb. 9 Ultraschall-Impulsecho-Gerät für den Einsatz bei der zerstörungsfreien Werkstoffprüfung; die nadelförmigen Zacken auf dem Bildschirm stellen Impulsechos dar. Aus dem Abstand der Zacken läßt sich der Abstand der impulsreflektierenden Schichten im Meßobjekt ablesen

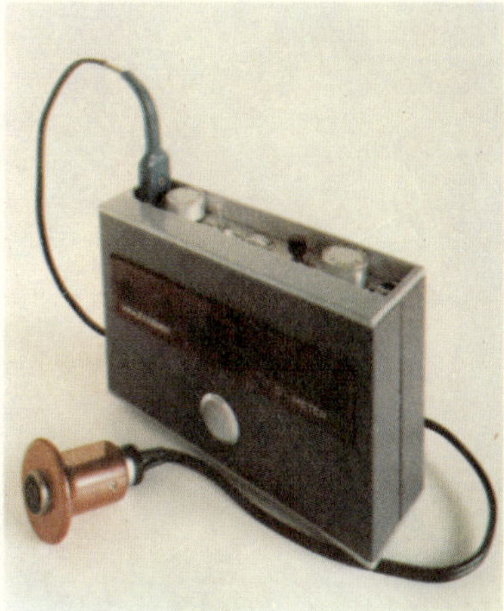

Abb. 12 Digital-Wanddickenmesser

Abb. 10 Wanddickenmessung mit Ultraschallgerät an einem Rohr eines chemischen Großbetriebes

Abb. 11 Wanddickenmessung an einer Schiffswand mit Ultraschallgerät

weil der Stofftransport in den Leitungen nicht unterbrochen werden muß. Auch die Überprüfung heißer Rohre ist mit dieser Methode kein Problem (*Abb. 10*). Eine Unterbrechung der Produktion wird vermieden.
Bei Schiffen mußten früher auf dem Trockendock umständlich Probebohrungen ausgeführt werden, um die Stärke der Schiffswandungen zu überprüfen. Heute ist diese Kontrolle mit dem Ultraschallgerät ein Kinderspiel (*Abb. 11*).
Obwohl jedes Ultraschall-Impulsgerät mit Bildschirmanzeige zur Dickenmessung verwendet wer-

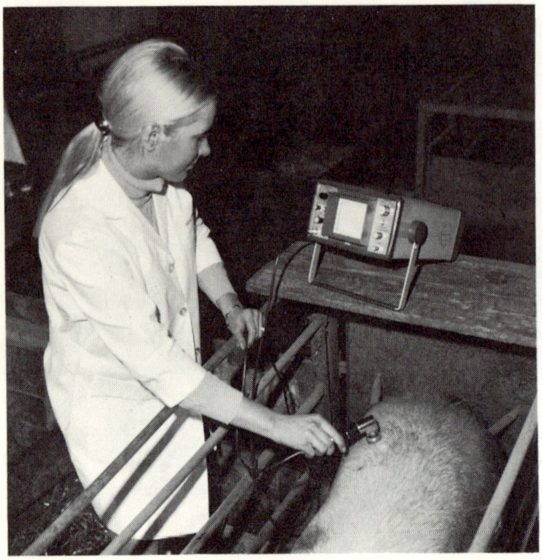

Abb. 13 Schmerzlose Gewebedickenmessung am lebenden Tier mit einem Ultraschall-Impulsecho-Gerät

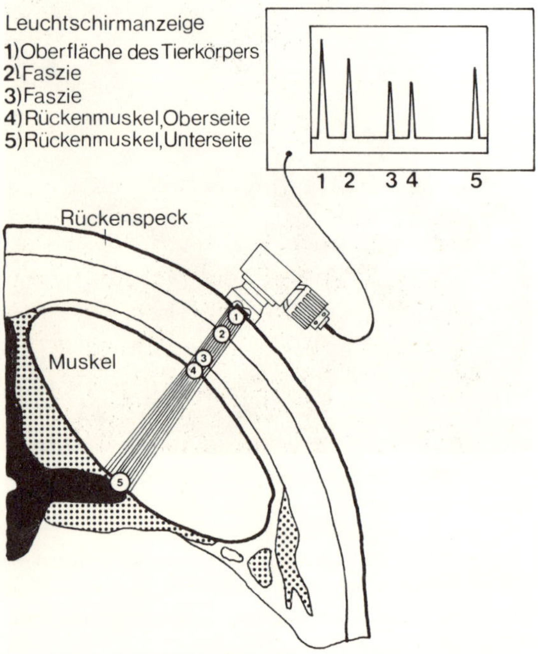

Abb. 14 Prinzip der Gewebedickenmessung mit Ultraschall-Impulsecho-Gerät

den kann, wurden besondere Anzeigeeinrichtungen entwickelt, bei denen die gemessene Dicke durch den Ausschlag eines Zeigers oder durch elektronische Digitalanzeige direkt als Zahl erkennbar wird. Die Messung wird dadurch besonders einfach und bequem; außerdem ist die Ultraschallmessung bis auf den Zehntelmillimeter genau (*Abb. 12*).
Das Ultraschall-Dickenmeßverfahren hat ohne wesentliche Abänderungen sogar in der Viehzucht Eingang gefunden (*Abb. 13*). Da die Impulsechos auch von den Grenzflächen organischer Gewebe zurückgeworfen werden, kann zum Beispiel an lebenden Schweinen oder Rindern die Dicke von Rückenspeck und Muskelfleisch bestimmt werden (*Abb. 14*). Die Messung erfolgt schnell und ist für die Tiere völlig ungefährlich.

Ultraschall statt Röntgenstrahlen Schirmbilduntersuchung mit Schallimpulsen

Das Abhorchen der Herztöne, der Atmungs- und Darmgeräusche eines Patienten ist eine sehr häufig praktizierte Untersuchungsmethode in der Medizin. Aber längst ist es nicht mehr das bewährte Hörrohr allein, daß dem Arzt unter Ausnutzung der Gesetze des Schalls als diagnostisches Hilfsmittel zur Verfügung steht.
Ultraschall-Echoimpulsgeräte werden auch in der medizinischen Praxis zum Beispiel zur Untersuchung von Schädel-Hirn-Verletzungen, Hirngeschwülsten, Blutungen und bei Schlaganfällen seit etwa zwei Jahrzehnten mit Erfolg eingesetzt. Ein besonders interessantes Gerät, das erst in den letzten Jahren zur technischen Reife entwickelt worden ist, dient der Schwangerenuntersuchung (*Abb. 15*). Es ermöglicht die bildliche Darstellung des ungeborenen Kindes im Mutterleib. Auch bei diesem Gerät, das von der herstellenden Firma als *Vidoson* bezeichnet wird, ist das Ultraschall-Impulsechoprinzip Grundlage des Meßverfahrens. Dieses neuartige Diagnostikgerät besteht im wesentlichen aus einem Ultraschall-Meßkopf – *Applikator* genannt – und einem Sichtgerät mit einem Bildschirm.
Bei der Untersuchung wird der Applikator auf den Leib der werdenden Mutter aufgesetzt. Er sendet Ultraschallimpulse aus und empfängt die Impulsechos. Auf dem Bildschirm des Sichtgerätes kann dann ein Querschnittsbild desjenigen Körperbe-

reichs betrachtet werden, der unterhalb des Applikators liegt.
Die bei diesem Verfahren entstehenden Schirmbilder sind zwar nicht so deutlich, wie man es von einer Fotografie gewöhnt sein mag; aber dem erfahrenen Arzt liefern sie – ähnlich wie Röntgenaufnahmen – eine Menge wichtiger Informationen. In *Abbildung 16* zeichnen sich zum Beispiel die Strukturen der Bauchdecke und der Wirbelsäule der Mutter ab; dazwischen sind Kopf und Oberkörper des ungeborenen Kindes in ihren Umrissen erkennbar. Zwei besondere Vorzüge des Ultraschall-Verfahrens im Vergleich zur Röntgenmethode sind: Zum einen werden die Strukturen weicher Gewebe ohne Kontrastmittel gut sichtbar, und zum andern ist – und dies ist hier besonders wichtig – die Untersuchung vollkommen unschädlich für Mutter und Kind!
Auf welche Weise entsteht das Ultraschall-Schirmbild – technisch gesehen?
Zunächst folgende Überlegung (*Abb. 17a*): Würde ein Ultraschallprüfkopf eines herkömmlichen Impulsechogerätes, wie es bei der Werkstoffprüfung verwendet wird, auf eine zu untersuchende Körperstelle aufgesetzt, so würden alle Impulsechos, die an

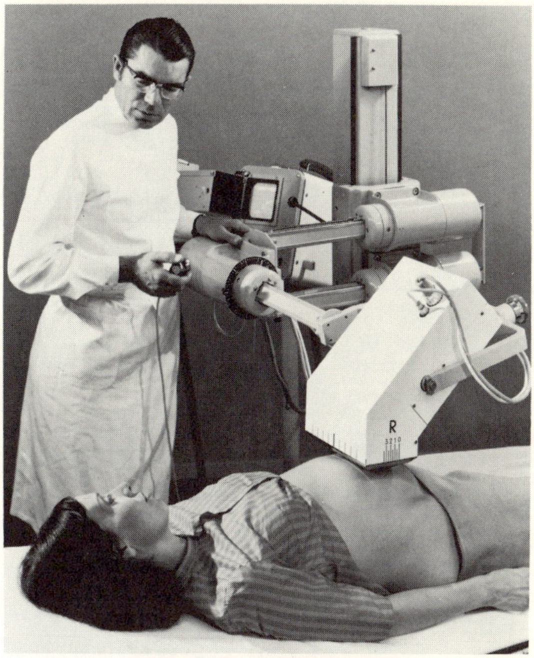

Abb. 15 Gefahrlose „Durchleuchtung“ des menschlichen Körpers mit Ultraschall-Bildgerät

Haut

Uteruswand

kindlicher Schädel

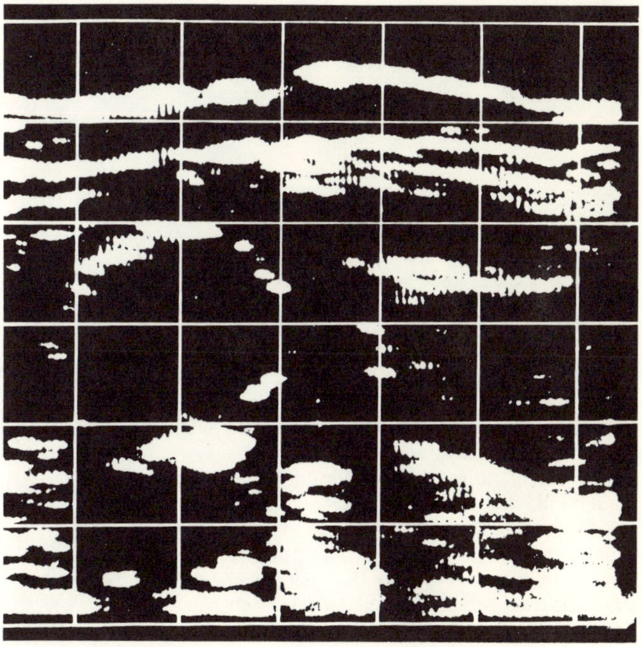

Abb. 16 Ultraschallbild:
Kind im Mutterleib (Längslage)

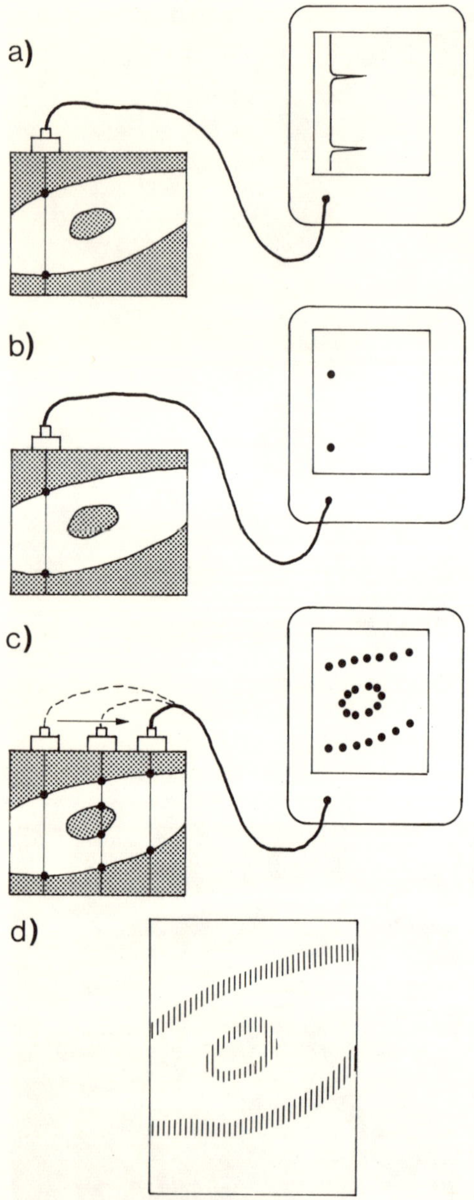

Abb. 17 Die Arbeitsweise des Ultraschall-Bildgerätes: Impulsechos an Gewebegrenzflächen können auf einem Bildschirm als Zacken (a), aber auch als Punkte dargestellt werden (b). Wird der Ultraschall-sende- und -empfangskopf schnell und periodisch über eine Schnittlinie bewegt, so entsteht auf dem Bildschirm ein aus Punkten zusammengesetztes Bild von den Gewebegrenzflächen (c). Die Bildauflösung hängt unter anderem von der Anzahl der geschriebenen Zeilen ab (d)

Gewebegrenzflächen entstehen, als Impulszacken auf dem Bildschirm sichtbar.
Nun ist es technisch kein Problem, auf dem Bildschirm anstelle einer Impulszacke nur jeweils einen Punkt abzubilden. Jeder Punkt bedeutet dann eine Stelle, wo der Ultraschall-Impulsstrahl eine Gewebegrenzfläche durchdringt und ein Echo hervorruft (*Abb. 17b*). Die Punkte liegen auf dem Bildschirm in einer Zeile, wobei eine Zeile dem Schallstrahl entspricht, der in den Körper ausgesandt wurde. Die weiteren Zusammenhänge, die sich hier sehr schnell erklären lassen, haben die Techniker Jahre intensiver Entwicklungsarbeit gekostet: Wird der Ultraschallstrahl schnell und in kleinen Schritten seitlich verschoben, so wird auf dem Bildschirm des Betrachtungsgerätes Punktzeile für Punktzeile abgebildet. Es entsteht ein aus Zeilen zusammengesetztes Bild (*Abb. 17c/d*), wie wir es vom Fernseher her kennen. Nur werden bei der Ultraschall-Bilderzeugung die Zeilen senkrecht geschrieben, nämlich in Übereinstimmung mit der Richtung des abtastenden Schallstrahls.
Im *Vidoson* wird der Ultraschallgeber und -empfänger durch eine sinnreiche Elektromechanik fünfzehnmal in der Sekunde über die zu untersuchende Schnittlinie bewegt, so daß für das menschliche Auge der Eindruck eines geschlossenen Bildes auf dem Betrachtungsschirm entsteht.
Die Frequenz des verwendeten Ultraschalls ist hoch; nämlich $2\frac{1}{2}$ Millionen Schwingungen in einer Sekunde. Bei dieser hohen Frequenz – das ist sehr wichtig – verhält sich Ultraschall nach ähnlichen optischen Gesetzen wie das Licht. Das heißt, man kann einen dünnen Schallstrahl erzeugen und erzielt auf dem Bildschirm ein ausreichend scharfes Bild.

Lautlose Befehle fürs Fernsehgerät

Will man technische Einrichtungen aus einiger Entfernung drahtlos steuern, ohne daß die Steuerbefehle von Menschen wahrgenommen werden sollen, wird Ultraschall als Befehlsübermittler verwendet. Gebräuchlich sind zum Beispiel Ultraschall-Fernsteuerungen für die Einstellung von Fernsehgeräten und die Bedienung von Garagentoren. Ultraschallwellen als Übertragungshilfe für diese Zwecke haben gegenüber elektromagnetischen Wellen den Vorteil, daß die entsprechenden Geräte weniger störanfällig und einfacher in der Technik sind.

Zur Fernbedienung eines Fernsehgerätes werden von einem handgroßen batteriebetriebenen Steuergerät verschiedene Ultraschallfrequenzen abgestrahlt, die den zu übermittelnden Befehlen entsprechen. Als störungsarm hat sich der Frequenzbereich zwischen 30 kHz und 45 kHz erwiesen. Die Schallsignale werden von einem Mikrofon im Fernsehgerät aufgenommen und in einer elektronischen Schaltung entschlüsselt. Helligkeit, Farbkontrast, Lautstärke, Programmwahl und Netzanschluß lassen sich auf diese Weise fernsteuern (*Abb. 18*).

Abb. 18 Fernseher-Fernbedienung mit Ultraschall. Mit diesem Ultraschallsender können zehn verschiedene Funktionen – einschließlich Ein- und Ausschalten – durch neun Ultraschallfrequenzen drahtlos gesteuert werden

Hier ein Beispiel zur Arbeitsweise einer solchen Fernsteuerung: Wenn die Lautstärke beim Fernsehgerät vergrößert werden soll, muß am Fernbedienungsteil die Taste „Lautstärke – Plus" gedrückt werden. Solange dies geschieht, wird eine Ultraschallfrequenz (z. B. 39 kHz) ausgesendet, im Fernsehgerät empfangen, elektronisch ausgewertet und daraufhin die Lautstärke so lange vergrößert, wie der Befehl gegeben wird. Wird hingegen am Fernsteuergerät die Taste „Lautstärke – Minus" gedrückt, so wird eine andere Ultraschallfrequenz (z. B. 40 kHz) ausgestrahlt, die im Fernsehapparat eine Verringerung der Lautstärke bewirkt. Bei manchen dieser Fernsteuergeräte erfolgt die Wahl der einzelnen Fernsehprogramme über eine Taste am Steuerteil durch schrittweises Weiterschalten des Programmschalters im Fernsehgerät. Bei anderen Anlagen kann durch einzelne Programmwahltasten am Ultraschall-Fernbedienungsteil jedes Fernsehprogramm direkt eingeschaltet werden. Hierbei werden die Befehle als Ultraschall-Impulsfolgen verschlüsselt. Jedem Programm ist eine andere Impulsfolge zugeteilt.

Das Öffnen und Schließen eines Garagentores oder anderer Einrichtungen durch Ultraschallsignale kann nach ähnlichen technischen Prinzipien geschehen wie die Fernseher-Fernbedienung. Wichtig ist, daß die Entschlüsselung der Signale sicher erfolgt und die Anlage nicht auf zufällige Störsignale anspricht; denn auch beim Klappern eines Schlüsselbundes entstehen Ultraschallwellen.

Informationsschall – Leistungsschall

Die bisher angeführten Beispiele zur Anwendung des Ultraschalls zeigen seine Bedeutung als *Informationsträger.*

Aber neben der Technik der Informationsübermittlung und -verarbeitung mit Ultraschall hat sich in den letzten drei Jahrzehnten eine Technik entwikkelt, die den Ultraschall vor allem als hochfrequente *mechanische Energie* verwertet: mechanische Schwingungsenergie z. B. zum Schweißen, Zerstäuben, Mischen, Reinigen, Bohren. Das ist möglich, weil sich Energie in Form von hochfrequenten mechanischen Schwingungen in festen Körpern und in Flüssigkeiten zu hoher Intensität konzentrieren läßt. Denn die Energiedichte einer mechanischen Welle hängt unter anderem von ihrer *Frequenz* und der *Dichte des Ausbreitungsmediums* ab.

Deshalb kann Ultraschall in festen Körpern eine Energieintensität von mehreren Kilowatt pro Quadratzentimeter erreichen. Da sich die hochfrequenten Ultraschallwellen nach den schalloptischen Gesetzen (Beugung, Brechung, Reflexion, Bündelung) auf kleinstem Raum gut dirigieren lassen, ist ihre Energie besonders gezielt einsetzbar. So kann man zum Beispiel Ultraschallwellen in Hohlspiegeln oder akustischen Linsen aus Asphalt oder anderen geeigneten Stoffen wie Licht sammeln und bündeln (*Abb. 19*).

Ultraschallerzeugung

Bevor Ultraschall so vielseitig eingesetzt werden konnte, mußte geklärt werden, wie man ihn am zweckmäßigsten erzeugt.

In der technischen Praxis werden heute vorwiegend zwei Schwingerarten verwendet: die eine Art beruht auf dem *piezoelektrischen Effekt,* die andere

Abb. 19 Sichtbar gemachte Ultraschallwellen (stehende Wellen in unmittelbarer Nähe vor einem schwingenden Quarz)

auf dem *magnetostriktiven Effekt (Abb. 20).* Der piezoelektrische Effekt tritt bei Quarz- und einigen anderen Kristallen auf sowie bei gewissen künstlich erzeugten kristallischen Materialien wie Barium-Titanat-Keramik und Blei-Zirkonat-Titanat-Keramik. Wenn man eine elektrische Spannung an eine Scheibe aus einem der erwähnten Materialien anlegt, so wird – je nach der gerade gewählten Polung – die Scheibe etwas dünner oder dicker. Und wenn man eine hochfrequente Wechselspannung anlegt, so ändert sich die Scheibendicke im Rhythmus dieser Wechselspannung und sendet hochfrequente Schallwellen aus (*Abb. 20a*). Ein piezoelektrischer Ultraschallschwinger ist entstanden. Mit ihm lassen sich besonders gut Frequenzen bis zu vielen Millionen Hertz erzeugen, so daß diese Schwingerart hauptsächlich in der Ultraschall-Meßtechnik eingesetzt wird.

Günstig für den Einsatz in der Meßtechnik ist auch, daß der piezoelektrische Effekt umkehrbar ist. Das heißt: der Schallgeber kann auch als Schallempfänger arbeiten. Wird die Schwingerscheibe nämlich wechselnden Drucken ausgesetzt – auch Schallwellen sind Druckschwankungen –, so entstehen an den Scheibenflächen kleine schwankende Spannungen, die den wechselnden Drucken entsprechen. Diese Spannungen können verstärkt und meßtechnisch ausgewertet werden.

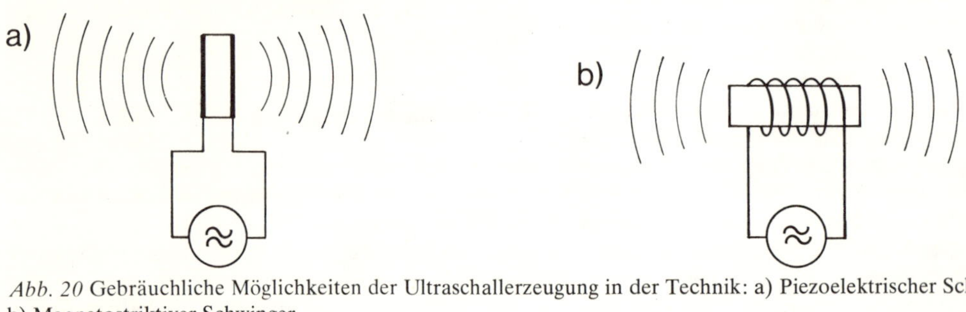

Abb. 20 Gebräuchliche Möglichkeiten der Ultraschallerzeugung in der Technik: a) Piezoelektrischer Schwinger; b) Magnetostriktiver Schwinger

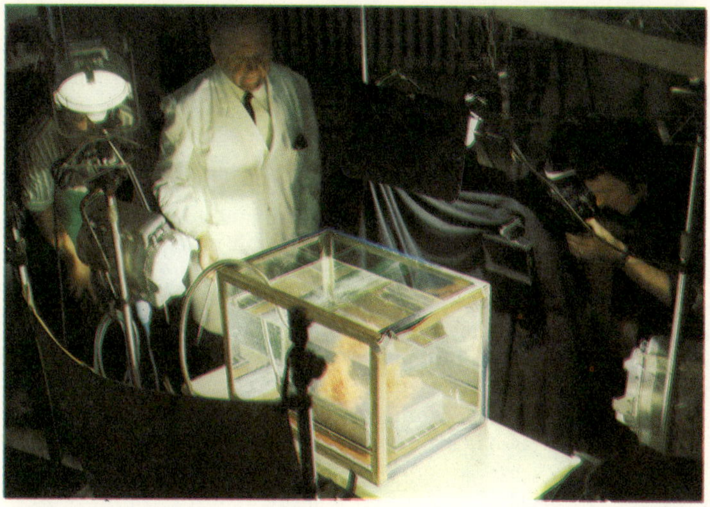

Abb. 21 Versuch: Demonstration der Ultraschallreinigung

Abb. 22 Reinigung von Linsen in der optischen Industrie durch Ultraschall

Die meisten Impulsechoanlagen in den verschiedenen Anwendungsgebieten besitzen Schallköpfe, die Sender und Empfänger zugleich sind.

Zur Erzeugung von leistungsstarkem Ultraschall hat sich eine Schwingerart bewährt, die den magnetostriktiven Effekt ausnützt:

Bestimmte Materialien, vor allem aber Nickel, verkürzen sich, wenn man sie magnetisiert. Die Magnetisierung kann mit Hilfe einer stromdurchflossenen Spule geschehen. Wird das Magnetfeld abgeschaltet, so streckt sich das Material wieder.

Ein schnell wechselndes Magnetfeld kann erzeugt werden, wenn hochfrequenter Wechselstrom durch die Spule geschickt wird. Der Schwingerkörper verkürzt und streckt sich dann im Takt der Wechselstromfrequenz und erzeugt Schallwellen (*Abb. 20 b*).

Um eine kräftige Schallabstrahlung zu erzielen, kombiniert man häufig mehrere Schwingerelemente miteinander. *Magnetostriktive Schwinger* werden überwiegend zur Erzeugung niedriger Ultraschallfrequenzen gebaut.

Nur am Rande vermerkt sei hier, daß für besondere Fälle auch Ultraschallschwinger verwendet werden, bei denen das elektrodynamische Prinzip, wie es jedem gewöhnlichen Lautsprecher zugrunde liegt, oder das elektrostatische Prinzip, das auf der Abstoßung gleichnamig elektrisch geladener Teile beruht, ausgenutzt wird.

Schmutz wird abgeschüttelt: Reinigen mit Ultraschall

Eine Flüssigkeit in einem Gefäß kann durch einen magnetostriktiven Schallgeber, der im Boden des Gefäßes eingebaut wird, in intensive Ultraschallschwingungen versetzt werden (*Abb. 21*). Wird ein verunreinigter Gegenstand – zum Beispiel eine optische Linse, an der vom letzten Herstellungsgang noch Polierpaste haftet – in die angeregte Flüssigkeit gesenkt, so setzt sofort ein Reinigungseffekt ein; der Schmutz wird abgelöst (*Abb. 22*).

Diese schnelle und gründliche Reinigung beruht vor allem auf einer Erscheinung, die als *Kavitation* bezeichnet wird: Die intensiven Ultraschallschwingungen – Frequenzen um 20 kHz haben sich als günstig erwiesen – erzeugen äußerst starke und schnelle Druckwechsel in der Flüssigkeit. Dadurch entstehen kurzzeitig winzige, dem Auge nicht sichtbare Vakuumbläschen, die ebenso schnell und heftig wieder zusammenstürzen. Überdrücke bis zu 1000 Atmosphären wurden gemessen! Diese millionenfachen winzigen Mikroexplosionen und -implosionen, die außerdem noch vorwiegend an den Grenzflächen zwischen der Flüssigkeit und den festen Körpern auftreten, bewirken die hervorragende Lösung des Schmutzes.

Durch das Ultraschall-Reinigungsverfahren werden viele zeitraubende und umständliche Arbeitsgänge bei industriellen Prozessen vereinfacht. Die Reinigung komplizierter, empfindlicher Bauteile erfolgt rationell, ohne Beschädigungen und gründlich. Bestecke, Uhren, Schrauben, mechanische Apparate, deren Zwischenräume schwer zugänglich sind, Brillen, elektronische Schaltplatinen, aber auch große Blechteile werden am Ende des Herstellungsprozesses von Öl- und Schmutzresten befreit. Zur Unterstützung des Reinigungsvorganges wird nicht Wasser, sondern ein spezielles organisches Lösungsmittel verwendet, das den Schmutz zusätzlich lockert und abführt, die Bauteile aber nicht angreift. Das Reinigen von Textilien mit Ultraschall, das einmal Schlagzeilen machte, konnte sich übrigens nicht durchsetzen. Die technisch praktikablen Lösungen erwiesen sich als zu aufwendig.

Kavitation: Unmischbares wird mischbar

An der Grenzfläche zweier normalerweise nicht mischbarer Flüssigkeiten tritt – wie zwischen Flüssigkeiten und festen Körpern – die Kavitationserscheinung auf, wenn die Flüssigkeiten zu Ultraschallschwingungen angeregt werden. Die außerordentlich zahlreichen Kavitationsbläschen reißen winzige Tröpfchen der einen Flüssigkeit in die andere. Es entsteht nach relativ kurzer Zeit eine sehr feine Vermischung: eine gleichmäßige *Emulsion.* Die technische Apparatur, die sich für den Vermischungsvorgang als geeignet erwiesen hat, besitzt einen rüsselförmigen Ultraschallgeber, der in das Mischgefäß getaucht wird und die Flüssigkeit zum Schwingen anregt (*Abb. 23*). Gewöhnlich wird, wie bei der Ultraschallreinigung, mit Frequenzen um 20 kHz gearbeitet. Die Bezeichnung *Ultraschall-Desintegrator,* die für das entsprechende Gerät üblich geworden ist, deutet an, daß auch kleine Partikel in einer Flüssigkeit noch weiter zerkleinert und verteilt werden können. Zum Beispiel können Mikroorganismen unter dem Einfluß der Ultraschallenergie mechanisch schonend zerlegt und der Zellinhalt gewonnen werden. Enzyme, Proteine, Antigene werden so gewonnen. Weitere Einsatzgebiete sind die Geowissenschaften und die Chemie.

Am Ultraschallgeber, der in die zu bearbeitende Flüssigkeit getaucht wird, entstehen bei längerem Betrieb deutlich sichtbare Spuren der Kavitation, bei der kleine Materialteilchen herausgerissen werden.

Diese Beobachtung hat den Anstoß zu interessanten Versuchen in der Metallurgie gegeben: In eine Metallschmelze werden Materialstäbe eingeführt, die normalerweise wegen ihres hohen Schmelzpunktes nicht schmelzen können. Sie werden in Ultraschallschwingungen versetzt, wodurch es gelingt, Materialteilchen in die Schmelze zu bringen. Auf diese Weise ließen sich ganz neuartige Metallegierungen entwickeln.

Schall zerstäubt Metall

Wenn eine Flüssigkeit in Ultraschallschwingungen versetzt wird, entstehen an ihrer Oberfläche feine

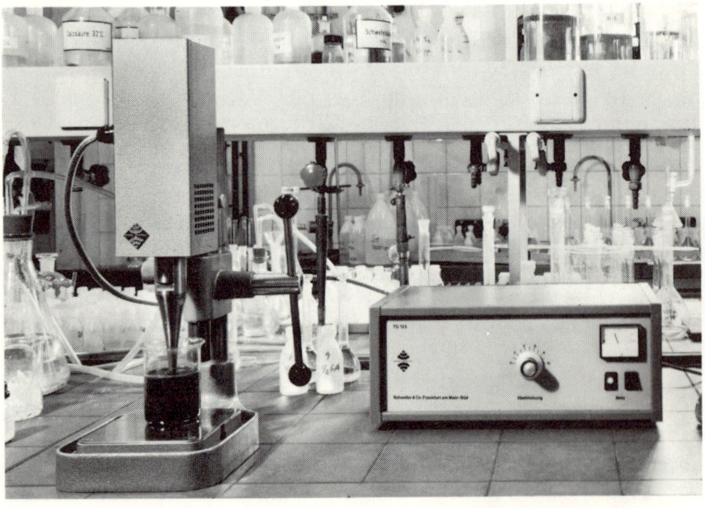

Abb. 23 Emulgieren von schwer mischbaren Flüssigkeiten mit einem Ultraschall-Desintegrator

rasterartige Wellenzüge. Ist die Schallanregung genügend stark, so heben sich die einzelnen Wellenspitzen kegelförmig an, bis es schließlich zur Abschnürung von mikroskopisch kleinen Tröpfchen kommt (*Abb. 24*). Die Flüssigkeit wird zu einem Nebel zerstäubt.

Diese Erscheinung läßt sich zum Beispiel auch beobachten, wenn man Wasser auf einen Ultraschallschwinger tropft, der kräftig genug schwingt. Sekundenschnell ist das Wasser zerstäubt. Interessant ist, daß die Tröpfchengröße mit der Frequenz des Ultraschalls eingestellt werden kann. Je höher die Frequenz gewählt wird, desto kleiner sind die erzeugten Tröpfchen, wobei alle Tröpfchen etwa gleiche Größe haben.

Ultraschallzerstäuber werden – die Entwicklung ist noch im Gange – zum Beispiel zur Luftbefeuchtung in Klimageräten eingesetzt: Dabei tropft auf einen Ultraschallschwinger Wasser, das vernebelt und von der Luft aufgenommen wird. Diese einfache Zerstäubungsmöglichkeit ermöglicht den Bau kleiner, preiswerter Raumklimageräte.

Auch an der Entwicklung neuartiger Vergaser für Verbrennungsmotoren wird gearbeitet. Die Treibstoffe können mit Hilfe des Ultraschalls viel gleichmäßiger zerstäubt und mit Luft vermischt werden als in den herkömmlichen Vergasern. Man erhofft sich von den neuen Einrichtungen eine wirtschaftlichere Verwertung der Treibstoffe und eine geringere Störanfälligkeit.

Sogar Metallschmelzen lassen sich mit Hilfe von Ultraschall zerstäuben. Man verwendet dieses Verfahren zur Herstellung feiner, gleichmäßiger Pulverkörner, wie sie beispielsweise in der Chemie für Filter und in der Metallurgie für Sintermassen benötigt werden. Die Pulverherstellung nach der Ultraschallmethode bringt gegenüber dem herkömmlichen Zermahlen des Materials in Pulvermühlen eine beträchtliche Zeit- und Energieersparnis.

Schweißen ohne Flamme

Die hochfrequente Schwingungsenergie des Ultraschalls eignet sich nicht nur zum Zerlegen, sondern auch zum Zusammenfügen von Stoffen.

Das Schweißen mit Ultraschall hat sich zu einem Verbindungsverfahren entwickelt, das wegen seiner Vorzüge vor allem in der kunststoffverarbeitenden Industrie immer mehr Anwendung findet (*Abb. 25*). Der Schweißvorgang basiert auf folgendem Prinzip: Eines der beiden zu verschweißenden Teile wird durch einen passend geformten Ultraschallgeber – die *Sonotrode* – in Schwingungen versetzt. An den Berührungsstellen der Teile wirken sich die Schwingungen aus. Das Material wird dort durch die schnellen, intensiven Schwingungsbewegungen erhitzt, es schmilzt zusammen. Das geschieht blitzschnell. Die Hitze bleibt deshalb an der Schweißstelle, während das übrige Material kalt bleibt.

Die Schweißnaht wird besonders gleichmäßig, wenn an einem der beiden Teile eine Schweißrippe vorgesehen wird (*Abb. 26*). An dieser Rippe setzt beim Zusammenfügen der Teile das Verschweißen ein und breitet sich gleichmäßig aus. Es entsteht eine dichte Naht, die praktisch sofort voll beansprucht werden kann, was bei einer Klebverbindung nicht möglich wäre.

Die Sonotrode muß für jedes Teil so geformt werden, daß der Ultraschall ohne zu starke Verluste an die Schweißstelle gelangt. Dabei spielt allerdings auch das Material eine Rolle. Hartplastik läßt sich leichter verschweißen als Weichplastik, bei dem die Schalldämpfung sehr hoch ist.

Daß sich das Ultraschallschweißen jedoch schon bewährt hat, beweisen viele mit dieser Verbindungstechnik hergestellte Dinge im Alltag (*Abb. 27*).

Wenn kleine Metallteile wie Niete, Stifte, Gewindestücke in Ultraschallschwingungen versetzt werden, lassen sie sich mühelos in Kunststoffteile einbetten. Sie werden gleichsam in den Kunststoff hineingerüttelt und sitzen völlig fest. Metallteile in Brillen aus Kunststoff werden z. B. auf diese Weise eingesenkt.

Das Ultraschallschweißen ist auch bei Metallen möglich. Wegen der auftretenden Dämpfung im Werkstoff werden allerdings vorwiegend nur Metallfolien auf diese Weise verbunden.

Eine Sonotrode versetzt die Folie in seitliche rüttelnde Bewegungen, so daß durch ein Aneinanderreiben ein inniges Verbinden der Folien bewirkt wird. Metallfolien von Kondensatoren in der elektronischen Industrie können so verbunden werden. Die Schweißung erfolgt schnell, so daß kaum eine Erwärmung der der Schweißstelle benachbarten Bereiche eintritt, die die Teile beschädigen könnte. Ein weiterer Vorteil besteht darin, daß die Schweißstelle nicht besonders vorbereitet werden muß; einfaches Zusammenpressen der Folien während der Ultraschalleinwirkung genügt.

Abb. 24 Zerstäubung von Wasser durch Ultraschall

Abb. 25 Verschweißen von Plexiglasteilen

Mit Schall durch Glas und Hartmetall: Ultraschallbohren

Die Bearbeitung harter, spröder Werkstoffe war von jeher ein Problem. Glas, ein hartes, sprödes und empfindliches Material, läßt sich aber spielend durchbohren, wenn dazu Ultraschall eingesetzt wird (*Abb. 28*). Um ein rundes Loch zu bohren, genügt ein einfacher Metallstift; es könnte sogar ein Nagel sein. Der Stift muß an der Sonotrode eines Ultraschallschwingers befestigt werden. Wenn der schwingende Bohrer auf die Bohrstelle gesetzt wird, wird gleichzeitig ein Bohrmittel zugeführt. Es handelt sich um Wasser, dem viele feine, harte Schleifmittelkörner aus Borcarbid, Siliciumcarbid oder Korund beigegeben sind. Die schnellen, kräftigen Schwingbewegungen des Bohrers schlagen und reiben die Körnchen in den harten Werkstoff, der dadurch abgetragen wird (*Abb. 29*). Eine glatte, maßhaltige Bohrung ist das Resultat.

Wenn der Bohrer als Rohr ausgebildet und durch ihn das Schleifmittel abgesaugt wird, steigt die Bohrleistung wesentlich. Der Bohrer ist weicher als das zu bearbeitende Material; gerade deshalb nutzt er sich relativ wenig ab!

Weil der Ultraschallbohrer sich nicht wie ein Bohrer herkömmlicher Art dreht, sondern mehr wie ein Stößel arbeitet, ist es nicht schwierig, auch kompliziert geformte Durchbrüche auszusparen (*Abb. 30*). Auch komplizierte Oberflächenprägungen lassen sich auf diese Weise schnell in harte Materialien eingravieren.

In der Metallindustrie erleichtert das Ultraschallbohren die Herstellung von Durchbrüchen in Stanz- und Preßvorrichtungen, die zur Serienproduktion von Kleinteilen aus Metall oder Kunststoff benötigt werden. Nach der herkömmlichen Methode wird die Form zunächst aus ungehärtetem Stahl von Hand herausgearbeitet. Danach erfolgt die risikoreiche Härtung des Stückes – denn Risse, Materialspannungen und Maßänderungen sind keine Seltenheit. Mit Hilfe des Ultraschalls kann die exakte Paßform

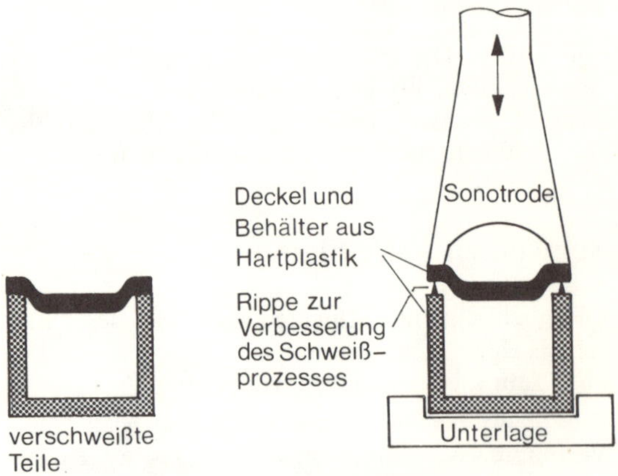

Abb. 26 Beispiel für eine Ultraschallschweißung bei einem Gegenstand aus Hartplastik

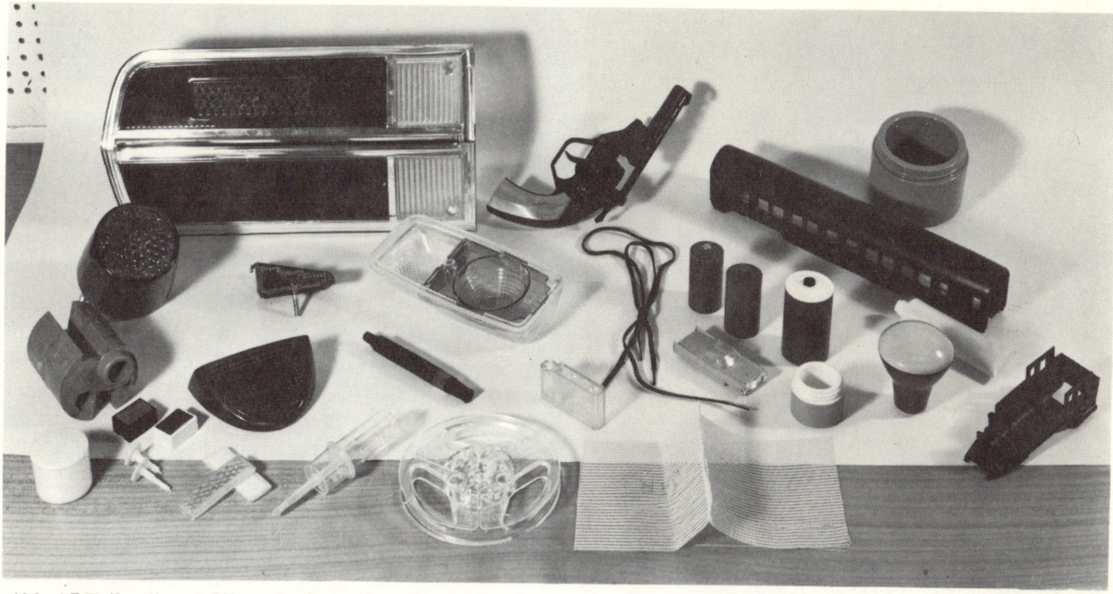

Abb. 27 Teile, die mit Ultraschall verschweißt wurden

sofort in den schon gehärteten Werkstoff eingearbeitet werden. Der Bohrer selbst besteht auch hier aus dem weicheren Material; nämlich aus leicht zu bearbeitendem, ungehärtetem Stahl.

Harnsteinentfernung mit der Ultraschallsonde

Eine Variante des Ultraschallbohrens soll Kranken helfen: Es wurde eine Ultraschall-Bohrsonde entwickelt, mit deren Hilfe man Harnsteine in der Harnblase zerkleinern und entfernen kann, ohne die Blase operativ öffnen zu müssen.
Die Bohrsonde ist als lange Kanüle ausgebildet, damit sie durch die Harnröhre eingeführt werden kann. Außen sitzt der Ultraschallschwinger neben einem Okular und einigen Anschlußstutzen. Die Sonde ist hohl, so daß Flüssigkeit abgesaugt werden kann. Durch den entstehenden Sog in der Blase kann ein Harnstein an den Bohrkopf der Sonde angezo-

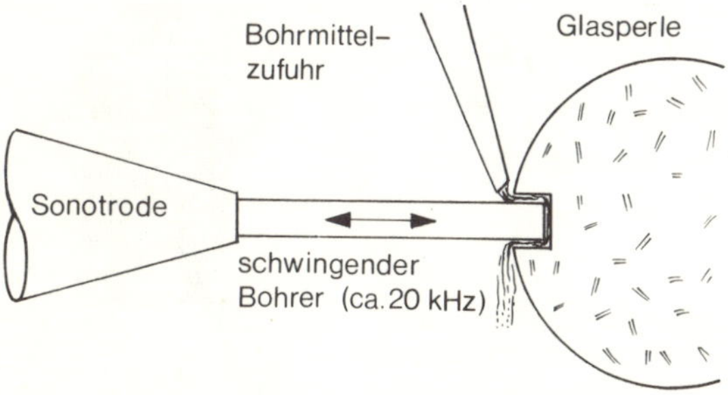

Abb. 28 Prinzip des Ultraschallbohrens

Abb. 29 Durchbohren einer dünnen Glasscheibe mit Ultraschall-Bohrmaschine

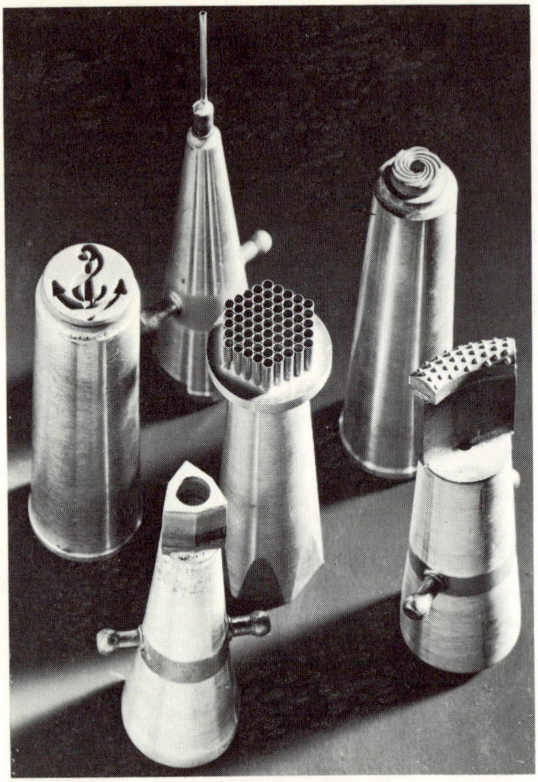

Abb. 30 Verschiedene Bohrwerkzeuge („Bohrrüssel") zum Ultraschallbohren

gen, absplitternde Steinpartikel werden sofort abgeführt. (*Abb. 31*). Dabei wird die abgesaugte Flüssigkeit laufend ersetzt. Neben der Absaugleitung befinden sich in der Sonde noch ein Beleuchtungs- und ein Sichtröhrchen, damit der Arzt die Harnsteine anvisieren kann (*Abb. 32 a/b*).

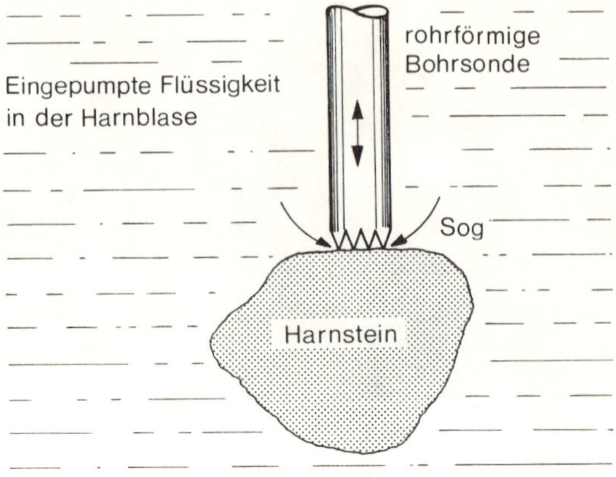

Abb. 31 Prinzip der Entfernung von Harnsteinen aus der Harnblase durch Zertrümmerung mit Hilfe von Ultraschall

Mit der Ultraschall-Bohrsonde dauert eine Harnsteinentfernung nur wenige Minuten. Der Patient wird dabei wesentlich weniger beansprucht als bei der operativen Öffnung der Harnblase. Mit weiter verfeinerten Geräten, die auf dem gleichen Prinzip beruhen, will man künftig sogar bis zur Niere vordringen, um dort Nierensteine zu entfernen. Die bisher notwendige große Nierenoperation würde dann durch einen relativ wenig belastenden Eingriff ersetzt.

Heilende Ultraschallwellen

Auch die mechanische Reizwirkung und die Wärmeentwicklung durch Ultraschallwellen im lebenden Gewebe wird zur Behandlung von Krankheiten benutzt.

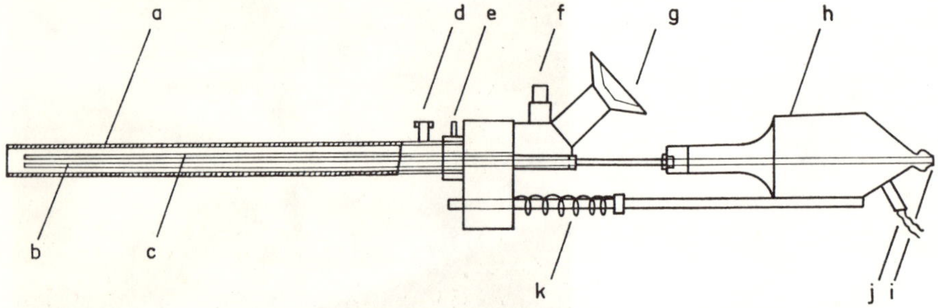

Abb. 32 a Ultraschallbohrsonde zum Zerkleinern von Harnsteinen in der Harnblase ohne chirurgischen Eingriff. *a* Zystoskop-Schaft, *b* Ultraschallsonde, *c* Endoskop, *d* Wasserzulauf, *e* Bajonettverschluß, *f* Lichtzuführung (Glasfaserleitung), *g* Okular des Endoskops, *h* Ultraschallwandler, *i* Absauganschluß, *j* HF-Anschluß, *k* Führungsschiene (mit Gegendruckfeder)

Abb. 32 b Angebohrter Harnstein

Entzündliche rheumatische Erkrankungen in Gelenken, in der Wirbelsäule, in den Schultern oder in einer anderen Muskelgruppe, Entzündungen des peripheren Nervensystems, Muskelzerrungen und -quetschungen und Entzündungen von Oberflächengewebe werden zum Beispiel mit Ultraschall behandelt (*Abb. 33*).

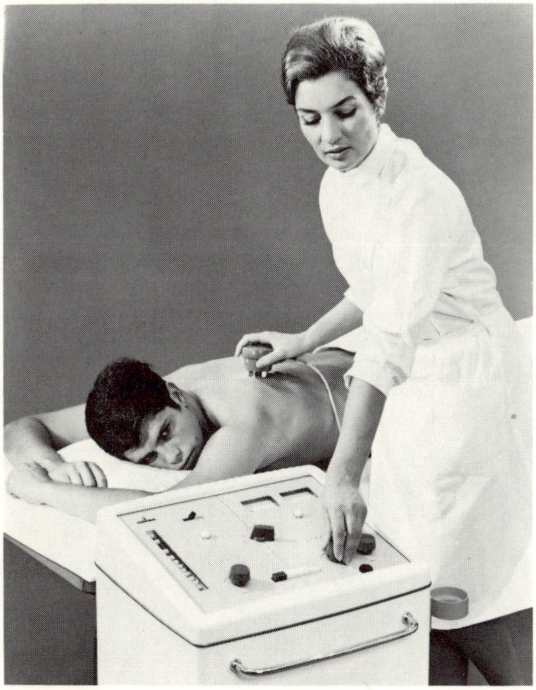

Abb. 33 Ultraschalltherapie: Behandlung einer Muskelzerrung

Bei der Zufuhr der Ultraschallenergie in Impulsen steht die mechanische Belastung des Gewebes im Vordergrund; bei kontinuierlicher Beschallung kommt auch die Wärmewirkung stärker zur Geltung. Bei der Behandlung wird der Schallkopf mit Hilfe eines Kontaktmittels – zum Beispiel Paraffin-Öl – an die zu behandelnde Körperpartie angekoppelt, denn schon eine dünne Luftschicht würde den Schall fast vollständig reflektieren und ein Eindringen in den Körper verhindern. Um diese Schwierigkeiten zu umgehen, hat sich in vielen Fällen die Beschallung im Wasserbad bewährt.

Die Dosierung des Ultraschalls nach Intensität und Behandlungszeit richtet sich nach der ärztlichen Erfahrung. Zu große Schallintensität würde sich durch Schmerzen der Knochenhaut ankündigen. Bei den Ultraschallbehandlungen werden Schalleistungsdichten zwischen etwa 0,1 und 2 Watt pro Quadratzentimeter gewählt. Die Ultraschallfrequenz liegt bei mehreren hundert Kilohertz.

Ultraschall – übermorgen

Ultraschall läßt sich derart vielfältig nutzen, daß hier nur einige der wichtigsten Beispiele behandelt werden konnten. Und in Industrie und Forschungsinstituten wird versucht, immer neue Anwendungsmöglichkeiten zu entwickeln:

So arbeitet man an einem Verfahren zur *Reinigung von Industrierauch.*

Versuche zur *Beseitigung von Nebel* – ein Problem für den Flugverkehr – wurden unternommen.

Für Kraftfahrzeuge wird gegenwärtig eine *Ultraschall-Scheibenreinigungsanlage* erprobt, die Scheibenwischer entbehrlich machen könnte. In einem Flüssigkeitsfilm soll der Schmutz durch Ultraschallschwingungen von der Scheibe gelöst werden.

Ultraschall-Geschwindigkeitsmesser zur Verkehrskontrolle sowie *Hinderniswarner* für Kraftfahrzeuge befinden sich ebenfalls in der Erprobung; bei diesen Entwicklungen spielt die Ausnutzung des Dopplereffektes eine Rolle.

Da Ultraschall Wasser gut durchdringt, versucht man, auf dieser Basis *Unterwasser-Sichtgeräte* zu bauen.

Die *Gleitfähigkeit* von Materialien steigt unter dem Einfluß von Ultraschall; das könnte für Preß- und Ziehvorgänge in der Metallverarbeitung bedeutsam werden.

Auch das Verschweißen von Metallen mit Nichtmetallen, zum Beispiel mit keramischen Werkstoffen, ist schon gelungen.

Sogar Wein, der mit Ultraschall behandelt wurde, soll eine Geschmacksverbesserung erfahren haben.

Übungsaufgaben

1. Bei welcher Frequenz etwa beginnt der Ultraschallbereich?

2. Wie erkennt eine Fledermaus die Entfernung eines Hindernisses?

3. Warum eignet sich Ultraschall besser für Echolotungen als Hörschall?

4. Warum wird bei der Werkstoffprüfung und bei medizinischen Anwendungen zwischen den Ultraschallprüfkopf und die zu beschallende Stelle ein Kontaktmittel gestrichen?

5. Warum verwendet man bei der zerstörungsfreien Werkstoffprüfung hochfrequenten Ultraschall von mehreren Millionen Hertz?

6. Welche Vorzüge hat die Ultraschall-Diagnostik in der Medizin gegenüber der Röntgenmethode?

7. Bei welchen Ultraschallgebern wird der piezoelektrische Effekt ausgenutzt?
   - ☐ **a)** PZT-Keramik-Schwinger
   - ☐ **b)** Quarz-Schwinger
   - ☐ **c)** Nickel-Schwinger
   - ☐ **d)** Ferrit-Schwinger

8. Welcher Effekt liegt der Wirkungsweise des Nickel-Schwingers zugrunde?

9. Auf welcher Erscheinung beruht hauptsächlich die Reinigungswirkung des Ultraschalls an festen Gegenständen in Flüssigkeiten?

10. Welches Hilfsmittel wird beim Ultraschallbohren von harten Werkstoffen außer dem Bohrrüssel benötigt?

11. Welche Wellenlänge besitzt eine Ultraschallwelle von 100 kHz
    - ☐ **a)** in Seewasser (Schallgeschwindigkeit: 1 500 m/s)
    - ☐ **b)** in Stahl (Schallgeschwindigkeit: 5 200 m/s)?

12. Welche Wellenlänge besitzt eine Ultraschallwelle in Stahl (Schallgeschwindigkeit: 5 200 m/s) bei a) 20 kHz, b) 2 MHz?

13. Welche Frequenz muß eine Ultraschallwelle besitzen, wenn sie in Stahl (Schallgeschwindigkeit: 5 200 m/s) eine Wellenlänge von 1 mm haben soll?

14. Ein Echolot empfängt nach 3,6 s das Echo eines ausgesandten Impulses. Wie groß ist die gemessene Wassertiefe?

Anhang

Lösungen der Übungsaufgaben

Die richtigen Antworten sind gefunden, wenn Sie die folgenden Kästchen angekreuzt oder die Lösungen notiert haben:

Kapitel	Aufgabe	Antwort
1	1	b, c
	2	a
	3	b
	4	a
	5	c
	6	c
	7	b
	8	a
	9	b
	10	a
	11	b
	12	a, c
2	1	b
	2	b, c
	3	a, c
	4	b
	5	a
	6	b, c
	7	keine
	8	c
	9	b
	10	a
3	1	c
	2	b
	3	c

Kapitel	Aufgabe	Antwort
3	4	b
	5	c
	6	a
	7	c
	8	b, c
	9	keine
	10	c
4	1	b
	2	c
	3	a, b
	4	b
	5	a
	6	d
	7	b
	8	b
	9	a
	10	a
	11	b
	12	c
	13	b, c
	14	c
	15	b
5	1	b
	2	b
	3	d

Kapitel	Aufgabe	Antwort
5	4	b
	5	a
	6	c
	7	b
	8	c
	9	d
	10	d
	11	c
	12	d
	13	a
6	1	Hörfrequenzgrenze bei ca. 18 kHz.
	2	Die Fledermaus entnimmt die Entfernung eines Hindernisses aus der Laufzeit des Echoimpulses.
	3	Hochfrequenter Schall läßt sich besser bündeln.
	4	Durch Kontaktmittel bessere Ankopplung, damit der Schall nicht durch eine zwischenliegende Luftschicht reflektiert wird.

Aufgabe	Antwort
5	Kleine Wellenlänge, deshalb gute optoakustische Anwendbarkeit (gute Bündelung, Reflexion usw.), präzise Meßergebnisse.
6	Keine Gewebeschädigung; Kontrastmittel nicht erforderlich.
7	PZT-Keramik-Schwinger, Quarz-Schwinger.
8	Magnetostriktiver Effekt.
9	Kavitationsbläschen lösen Schmutz.
10	Bohrmittel, d. h. eine Aufschlemmung von Schleifmittelkörnern.
11	$\text{Wellenlänge} = \dfrac{\text{Schallgeschwindigkeit}}{\text{Frequenz}}$ a) Wellenlänge in Seewasser: *15mm* b) Wellenlänge in Stahl: *52mm*
12	a) Wellenlänge bei 20 kHz: *260mm* b) Wellenlänge bei 2 MHz: *2,6mm*
13	$\text{Frequenz}\ \dfrac{\text{Schallgeschwindigkeit}}{\text{Wellenlänge}} = 5{,}2\ MHz$
14	Wassertiefe = Schallgeschwindigkeit mal $\frac{1}{2}$ Laufzeit = *2 700m*

Literaturhinweise

Zu Kapitel 1

(1) Alle Lehrbücher der Experimentalphysik, ferner
(2) Hartmann, G.: Praktische Akustik. Bd. 1: Einführung. München/Wien: Oldenbourg-Verlag, 1964
(3) Skudrzyk, E.: Die Grundlagen der Akustik. Wien: Springer, 1954
(4) Stevens, S./Warshofsky, F.: Schall und Gehör. TIME-LIFE-Buch, Hamburg: Rowohlt, 1970
(5) Zwicker, E./Feldkeller, R.: Das Ohr als Nachrichtenempfänger. Stuttgart: S. Hirtzel-Verlag, 1967

Zu Kapitel 2

(1) Bierl, R.: Elementare technische Akustik der elektronischen Musikinstrumente. Frankfurt/M.: Verlag Das Musikinstrument
(2) Blaukopf, K.: Hexenküche der Musik. Teufen/St. Gallen: Niggli
(3) Lottermoser, W./Meyer, J.: Orgel-Akustik in Einzeldarstellungen. Frankfurt/M.: Verlag Das Musikinstrument
(4) Meyer, J.: Akustik der Holzblasinstrumente in Einzeldarstellungen. Frankfurt/M.: Verlag Das Musikinstrument
(5) Skudrzyk, E.: Die Grundlagen der Akustik. Wien: Springer, 1954
(6) Zacharias, E.: Kleine musikalische Akustik. Trossingen: Verlag der Harmonikalehrer
(7) Zacharias, E.: Elektronische Musikinstrumente. Trossingen: Hohner, 1968

Zu Kapitel 3

(1) Flanagan, J. L.: Speech Analysis, Synthesis and Perception. Berlin/Heidelberg: Springer, 1972
(2) Mangold, H.: Zur Simulation von Sprachbandkompressionssystemen. Wissenschaftliche Berichte, AEG-Telefunken 43 (1970) 3/4
(3) Meyer-Eppler, W.: Grundlagen und Anwendungen der Informationstheorie. Berlin/Heidelberg: Springer, 1969
(4) Schmidt, E./Wörz, K-M.: Computer als Telefonpartner. IBM-Nachrichten, Juli 1972, Nr. 211
(5) Schreiber, K.: Der Computer lernt sprechen. Siemens data report 6 (1971) 5
(6) Schunk, H.: Ein Sprechgerät für Heliumatmosphäre. Technische Mitteilungen, AEG-Telefunken 61 (1971) 7
(7) Ungeheuer, G.: Sprache und Kommunikation. Hamburg: Buske, 1972
(8) Vieregge, W. H.: Neuere Ergebnisse der automatischen Spracherkennung. Umschau in Wissenschaft und Technik (1970) 24

Zu Kapitel 4

(1) Bergtold: Moderne Schallplattentechnik. München: Franzis-Verlag
(2) Einführung in die High-Fidelity und Stereophonie. Frankfurt/M.: dhfi, Deutsches HiFi-Institut e. V.
(3) Haas, W./Klever, U.: Schallplattenbrevier Nr. 203; Berlin: Ullstein-Verlag
(4) Hartel, K. B.: Platten sammeln – mein Hobby. München: Goldmanns Gelbe Taschenbücher, Bd. 2894
(5) Riess, K.: Knaurs Weltgeschichte der Schallplatte. Zürich: Droemersche Verlagsanstalt
(6) Sir Truesounds heiteres HiFi-Kolleg. Karlsruhe: G. Braun-Verlag, 1971

Als akustisches Begleitmaterial besonders empfehlenswert:

(7) Einführung in die HiFi-Stereophonie. dhfi-Schallplatte, Testplatte Nr. 1; Frankfurt/M.: Deutsches HiFi-Institut e. V.
(8) Einführung in die HiFi-Stereophonie. dhfi-Schallplatte, Hörtest- und Meßplatte, Testplatte Nr. 2; Frankfurt/M.: Deutsches HiFi-Institut e. V.
(9) Einführung in die HiFi-Stereophonie. dhfi-Schallplatte, Lautsprechertest, Testplatte Nr. 3; Frankfurt/M.: Deutsches HiFi-Institut e. V.

Zu Kapitel 5

(1) Bethge, D./Hogen, D.: Technische Anleitung zum Schutz gegen Lärm, TA Lärm; Band 4 (Arbeitsschutz). Köln: Heymanns Verlag, 1969
(2) Bürck, W.: Die Schallmeßfibel für die Lärmbekämpfung. München/Wien: R. Oldenbourg-Verlag
(3) Beurteilung von Arbeitslärm, VDI 2058; Blatt 1 und 2
(4) Beurteilung von Lärm in Wohnungen, VDI 2565
(5) Jansen, G.: Psychosomatische Wirkungen des Lärms (in: „Mitteilungen aus der Max-Planck-Gesellschaft"; Heft 5, Jg. 1966)

(6) Kurtze, G.: Physik und Technik der Lärmbekämpfung. Karlsruhe: G. Braun-Verlag
(7) Schallschutz durch Schalldämpfer, VDI 2567
(8) Schallschutz im Hochbau, DIN 4109
(9) Schutz gegen Verkehrslärm, VDI 2573
(10) Persönlicher Schallschutz, VDI 2560
(11) Präzisionsschallpegelmesser, DIN 45633
(12) Zwicker, E./Feldkeller, R.: Das Ohr als Nachrichtenempfänger. Stuttgart: S. Hirtzel-Verlag, 1967

Zu Kapitel 6

(1) Bergmann, L.: Der Ultraschall und seine Anwendungen in Wissenschaft und Technik. Stuttgart: Hirtzel Verlag, 1954
(2) Einführung in die Ultraschall-Werkstoffprüfung. Heppenheim/Bergstraße: KLN Ultraschall-Gesellschaft
(3) Esau, A.: Der Ultraschall und seine technischen Anwendungen. Köln: Westdeutscher Verlag, 1955
(4) Herforth, L./Winkler, H. M.: Ultraschall – Grundlagen und Anwendungen in Physik, Technik, Industrie, Biologie und Medizin. Leipzig: Teubner Verlag, 1958
(5) Kazner, E./Hickl, E.-J.: Hochfrequenter Ultraschall in der medizinischen Diagnostik (in: Physik in unserer Zeit, März 1970); Weinheim: Verlag Chemie
(6) Neuweiler, G.: Orientierung der Fledermäuse (in: Bild der Wissenschaft, Febr. 1969); Stuttgart: DVA
(7) Pohlman, R.: Ergebnisse der Ultraschallforschung in Anwendung und Ausblick auf die moderne Technik; Ahrens, E.: Schall und Ultraschall in der Unterwasser-Nachrichtentechnik. Köln: Westdeutscher Verlag, 1961
(8) Pohlman, R.: Ultraschall in der Technik (in: Bild der Wissenschaft, April 1967); Stuttgart: DVA

Register

A

Abtastsystem 76
Akustik 10
Altersschwerhörigkeit 88, 89
Amplitude 14, 26
Analyse, spektrale 28
Ansatzrohr 48
Antriebsmotor 76
Applikator 108
Arbeitslärm 123
Artikulation 48
Audiogramm 89, 90
Audiometer 89, 90
Ausbreitungsgeschwindigkeit 12

B

Bandpaß 42
Bandsperre 42
Baß- und Höhen-Regler 79
Bauakustik 93
Bedienungskomfort 78
Bel 85
Berliner, Emil 68
Bewertungskurve A 86
Bewertung von Lärm, psychologische 88
Bohrmittel 117

D

dBA 84, 88
Dekodierung 55
Delphine 100
Deltamodulation 54
Dezibel 77, 85
dhfi 76
Dickenmessung 106
Digitalisierung 54
Doppelfenster 93
Doppler-Effekt 21
Düsenjäger 93
Dynamik 76

E

Echo 19
Echogramm 101, 103
Echographen 101, 103
Echolot 101, 103
Edison, Thomas Alva 68
Effekt
– magnetostriktiver 112
– piezoelektrischer 111
Einschwingzeit 42
Elektrolarynx 50
Exponent 84, 85

F

Fenster 93
Fingerpuls 91
Fingerpulsamplitude 91
Filter 42, 87
Filter A 86, 87
Fischfang 103
Fledermäuse 100
Fluchtreflex 91
Flutter 77
Formanten 51
Fortpflanzungsgeschwindigkeit 16
Frequenz 14, 26, 86
Frequenzgang 42
Frequenzumfang 74

G

Galton-Pfeife 100
Gehör 75, 84
Gehörminderung 89
Geräuschblöcke 51
Grammophon 68
Grundtöne 75

H

Hall 93
Harnsteinentfernung mit Ultraschallsonde 117
Hertz (Hz) 14
HiFi-Anlage 76
HiFi-Norm 76
High-Plattenspieler 76
High Fidelity 71
HNO-Arzt 76
Hochpaß 42
Hochtonsysteme 79
Höhenfrequenzgrenze
– obere 99
Hörgeräte-Akustiker-Fachbetriebe 76
Hörgrenze 75
Hörschwelle 84, 89
Hörverlust 89
Hughes, David Edward 67

I

Impulsecho 104
– Verfahren 103
Impulsfolge 101
– frequenz 105
Informationsschall 111
Innenohr 21
Interfrequenz 18
Intervall 33

J

Jansen, G. 91, 123
Jaulen 77

K

Kavitation 113, 114
Kiefer 48
Klangfarben 27
Klänge 27
Klirrfaktor 76
Körperschall 92, 93
Kohlemikrofon 67
Konsonanzen 35
Kontaktmittel 119
Kontaktmikrofon 67

Kopfhörer 78
– anschluß 80
– offen 79
Koppelpaste 105
Kurgebiete 93

L

Lackfolie 72
Lärm
– am Arbeitsplatz 95
– in Wohnungen 123
– bekämpfung 93
– definition 83
Lärmkarte 93, 94
Lärmschutzhelm 92
Lärmschutzklappen 92
Lärmschutzvorschrift 95
Lärmschwerhörigkeit 89
– als Berufskrankheit 90
Langspielplatte 70
Laute
– stimmhaft 48
Lautsprecher 76
Lautsprecherboxen 79
Lautstärke 84
Lautstärkeregler 79
Leistungsschall 111
Lippen 48
Longitudinalwellen 16
Luftschall 92, 93, 95, 96

M

Materialprüfung
– zerstörungsfreie 103
Medium 11
Meßmikrofon 86
Messung von Geräuschen 84
Meßverfahren 84
Metallegierungen 114
Metallschmelzen zerstäuben 115
Mikrobar 71
Mikrofon 18
Milliwatt 79
Mittelohr 22, 91
Mitteltonsysteme 79
Monochord 26
Motorrad 83
„Mutter“ 73

N

Nachhall 20
Nebengeräusche 76
Netzsonde 103

O

Obertöne 27, 75
Ohr 21, 83, 86
Ohrenpfropfen 92
Oktave 33
Oszillogramm 18
Oszillograph 18

P

Pegelvoreinstellung 78
Periode 14
Phon 88
Phoneme 48
Phonograph 68
Plattenteller 76
Präsenzregler, -schalter 79
Präzisions-Schallpegelmesser 86, 124

R

Receiver 78
Redundanz 56
Reflexion 19
– der Schallwellen 92
Reflexkontraktion 91
Reinigen mit Ultraschall 113
Reis, Philipp 67
Ruhe 83
Rumpeln 76

S

Seiten-Schrift, 74
Signal
– analoges 58
– digitales 58
Sinusgenerator 26
Sinusschwingung 26
„Söhne“ 73
Sonderbauten 93, 95
Sonogramm 50
Sonotrode 115, 116
Sozialer Wohnungsbau 93
Speicherung
– analoge 58
Spektrum 28
Sprachlaute 48
– stimmlos 50
Sprechapparat 48
Sprechstimme 76
Sprechwerkzeuge 48
Superposition
– additive 27
Synthesizer 43

Sch

Schäden des Gehörs 88
Schall 10
– ausbreitung 101
– dämmung 92
– dämpfer 92, 124
– dämpfung 92, 115
– empfänger 112
– energie 84
– frequenzumsetzer 99
– geber 101, 112
– geber und Schallempfänger 104
– impuls 101
– isolierung 92
– köpfe 113
– mauer 83
– pegel 84
– pegel, A-bewertet 88
– pegelmesser 86
– pegel, zulässig 95
– platte 73
– quelle 10
– stärke 84

– stärke, relativ 84
– strahlenbündel 101
Schellackplatte 70
Schirmbilduntersuchung
mit Schallimpulsen 108
Schwebung 19
Schwell-Energie 86
Schwingungsdauer 14
Schwingungsenergie
– hochfrequente 111, 115
Schwingungsweite 14

St

Stereo 80
Stimmbänder 48
Studio
– Richtmikrofon 70
– Tonbandgerät 71

T

TA Lärm 84, 93, 123
Telefon 85
Temperatur 85
Tiefen- und Seitenschrift 74
Tiefpaß 42
Tieftonlautsprecher 79
Tonhöhenschwankungen 76
Toningenieur 71
Tonleiter 34
Tonquellen 80
Transversalwelle 16
Trichter-Grammophon 69
Trommelfell 22, 85
TÜV 84, 93
Turner 80

U

Ultraschall 99
– bohren 116
– Bohrmittel 116
– Bohrsonde 117
– Desintegrator 114
– Dickenmeßverfahren in der Viehzucht 108
– erzeugung 111
– Fernsteuerungen 110
– impulse 105
– Impulsecho-Methode 106
– Impulsecho-Prinzip 108
– Prüfeinrichtungen, vollautomatisierte 106
– Prüfkopf 104
– Reinigungsverfahren 113
– Schirmbild 109
– schweißen 115
– schwingers 116, 117
– wellen, heilende 118
– zerstäuber 115
Umwelt 83

V

„Vater“ 73
vegetatives Nervensystem 91
Verkehrslärm 124
Verstärker 78, 86
Versuchsperson 88
Vertäubung, vorübergehende
Vidoson 108
visible speech 51
Vocoder 58
voiceprints 53

W

Wandlersystem 79
Wellen 13
Wellenlänge 16
Werkstoffprüfung 103
Werkstück
– Fehler 105
Wimmern 77
Wohngebiete 93
Wow 77

Z

Zehnerpotenzen 85
Zittern 77
Zunge 48